Sven Bär, Jürgen Kitz, Raymond Kleger, Christian Kluge

Energieeffizienz
durch Präsenzmelder und Bewegungsmelder
Bedarfsgesteuerte Gebäudeautomation

Sven Bär, Dipl-Kfm., ist Geschäftsführer der ESYLUX GmbH und verantwortet u. a. das Produktmanagement, die Entwicklung und die kaufmännischen Abteilungen. Vor seiner Aufgabe bei ESYLUX war er bei ESSO und VW tätig. Er promovierte am Lehrstuhl für Unternehmensrechnung und Controlling der Universität der Bundeswehr.

Jürgen Kitz, Dipl.-Kfm, MBA, ist Geschäftsführer der ESYLUX Deutschland GmbH und verantwortet den Vertrieb. Der gelernte Energieanlagenelektroniker studierte Wirtschaftswissenschaften in Siegen und Bath/England. Vor seiner Aufgabe bei ESYLUX war er mit Vertriebs- und Geschäftsführungsaufgaben im Bereich Fabrikautomation betraut.

Raymond Kleger ist Redakteur des Schweizer Magazins *Elektrotechnik* und Autor des Buches *Sensorik für Praktiker.* Der diplomierte Elektroingenieur (FH) unterrichtet u. a. an der Schweizerischen Technischen Fachschule in Winterthur Elektrotechnik, Elektronik, Messtechnik und Regeltechnik sowie Mathematik.

Christian Kluge, Dipl.-Ing. Elektrotechnik, ist Leiter des operativen Produktmanagements und der Entwicklung bei ESYLUX. Nach dem Studium der Elektrotechnik führte ihn sein Weg über die Entwicklungsarbeit im Prüflabor und die Projektleitung und Konstruktionsleitung im Bereich Automotive Bediengeräte zu seiner Tätigkeit bei ESYLUX.

ESYLUX entwickelt und verkauft Systeme und Lösungen unter anderem für die automatische Lichtsteuerung und -regelung. Der europaweit agierende Spezialist aus Ahrensburg bei Hamburg ist führend in der Technologie bei Präsenz- und Bewegungsmeldern.

www.esylux.com

Sven Bär, Jürgen Kitz, Raymond Kleger, Christian Kluge

Energieeffizienz durch Präsenzmelder und Bewegungsmelder

Bedarfsgesteuerte Gebäudeautomation

Rommert Verlag

Bibliografische Information der Deutschen Nationalbibliothek

Die Deutsche Nationalbibliothek verzeichnet diese Publikation in der Deutschen Nationalbibliografie; detaillierte bibliografische Informationen sind im Internet über http://dnb.d-nb.de abrufbar.

ISBN 978-3-941276-04-8

© Verlag Frank-Michael Rommert, Gummersbach, www.rommert.de

Umschlaggestaltung: Tobias Blaschke

Bildauswahl und -bearbeitung: Robert Franke, Gummersbach

Abbildungen: Alexandre (75), Andre Bonn (52), Cybermix (77), Data Design System GmbH (100–107), Deutsche Energie-Agentur dena (93, 127), dubova (82), ESYLUX Deutschland GmbH (2, 3, 13, 14, 19, 20, 37, 41, 42, 43, 44, 45, 46, 51, 56, 57, 58, 59, 60, 62, 63, 64, 65, 66, 67, 68, 70, 71, 72, 73, 74, 76, 79, 80, 81, 84, 85, 86, 87, 89, 94, 128), Europäische Kommission (129), Hochschule Biberach (97, 98, 99), Sebastian Kiss (95), Raymond Kleger (7, 9, 10, 11, 12, 15, 16, 17, 18, 21, 22, 23, 24, 25, 26, 27, 28, 29, 30, 31, 32, 33, 34, 35, 39, 40, 47, 48, 49, 50, 53, 61, 69, 90, 91, 92), Simon Kraus (8), Philips (55), Relux Informatik AG (108-126), sculpies - Fotolia.com (6), SVLuma (88), Ruben Vorwald (78), Elvira Voss (5), Zumtobel (54), Sandra Zuerlein (83),

Druck und Bindung: Westermann Druck Zwickau GmbH, Crimmitschauer Straße 43, 08058 Zwickau

Weitere Informationen zu diesem Buch finden Sie unter:
www.esylux-buch.de

ESYLUX-Technik-Hotline: **(0 41 02) 489 489**

Inhalt

Kapitel 6
Beispiele softwareunterstützter Planung 175

Gemeinsam auf dem
Weg zu einem guten Ziel

Energetischer Unsinn Energetisch gesehen ist es unsinnig, Räume zu beleuchten, wenn sich darin niemand aufhält. Und doch kommt genau das jeden Tag vor – in Deutschland, in der ganzen Welt. Mit steigenden Energiepreisen werden solche Fehlnutzungen für den Energiekunden immer kostspieliger. Und auch mit Blick auf den Treibhauseffekt ist es eine Frage der Vernunft, die vorhandenen Energiesparpotenziale rasch und möglichst umfassend zu nutzen.

Zu einseitiger Fokus Der Gesetzgeber baut hier Druck auf: Die CO_2-Reduktionsziele der Bundesregierung sehen vor, den Primärenergiebedarf von Gebäuden bis 2050 stufenweise um 80 Prozent zu mindern. Dabei wird bisher zu stark auf Aspekte wie Wärmedämmung gesetzt. Die Möglichkeiten der Gebäudeautomation werden hingegen noch unterschätzt und zu wenig berücksichtigt.

Chancen stärker bewusst machen Dies liegt auch daran, dass die Perspektiven, die sich etwa durch den Einsatz von Präsenz- und Bewegungsmeldern ergeben, noch zu wenig bekannt sind. Um die Chancen stärker bewusst zu machen, veröffentlichen wir dieses Buch zur intelligenten Gebäudesteuerung mit Präsenz- und Bewegungsmeldern. Damit erfüllt sich ein lang gehegter Wunsch des ESYLUX-Gründers Peter Kremser, mittels einer praxisnahen, anschaulichen und zugleich soliden Publikation das Wissen über Präsenz- und Bewegungsmelder in den Markt zu bringen und somit die Beratungskompetenz unserer Marktpartner im dreistufigen Fachvertrieb zu steigern.

Aufbau des Buches In den folgenden Kapiteln erfahren Sie, wie Präsenz- und Bewegungsmelder funktionieren und wie Sie beim Einsatz in der Praxis das Optimum aus ihnen herausholen. Sie sehen, wie sich der Einsatz von Meldern mit Softwareunterstützung planen lässt und Sie bekommen eine Orientierung mit Blick auf die Frage, welche Normen und Vorgaben zu beachten sind.

Das Buch zielt auf Fachplaner, Lichtplaner und planende Fachhandwerker, aber auch an Meisterschüler, Technikerschüler und Elektroinstallateure und dürfte auch für Facility Manager sowie Energieberater interessante Anregungen liefern. Letztlich ist es für alle geeignet, die beruflich mit der Konzeption, Realisierung und Pflege von Gebäudetechnik zu tun haben und ihr Geschäft zukunftsfähiger machen wollen. Das Thema ist dabei nicht nur für Neubauten relevant, sondern auch für die Sanierung bestehender Immobilien.

Das Geschäft zukunftsfähiger machen

Präsenzmelder können nicht nur die Beleuchtung intelligent steuern und regeln, sondern auch Heizung, Klimaanlage und Lüftungstechnik. Das Ergebnis ist eine verbesserte Gebäudeeffizienz und darüber hinaus ein Zuwachs an Komfort und Sicherheit. Insgesamt ruhen im Energieverbrauch nach einer aktuellen Studie des ZVEI Einsparpotenziale von bis zu 60 Prozent – Potenziale, die durch bedarfsgerechte Einzelraumregelungen erschlossen werden können. Diese Potenziale zu nutzen, ist ein gutes Ziel.

Mehrfacher Nutzen

Für ESYLUX und die Elektrobranche ist es wichtig, die Botschaft „Licht nur dann, wenn es gebraucht wird" in den Markt zu tragen. Gern machen wir uns gemeinsam mit Ihnen auf den Weg.

Licht nur dann, wenn es gebraucht wird

Jürgen Kitz, Geschäftsführer,
ESYLUX Deutschland GmbH

PS: Sie haben Fragen oder Anregungen? Wir freuen uns, von Ihnen zu hören. Wir sind nur eine E-Mail von Ihnen entfernt: buch@esylux.de

Deutsche Energie-Agentur

Geleitwort

Energieeffizienz: Klimaschutz und Wettbewerbsvorteil

Stephan Kohler

Es ist eine bekannte Tatsache: Bis zum Jahr 2020 sollen die Treibhausgas-Emissionen um 40 Prozent reduziert werden, bis 2050 soll der Primärenergiebedarf von Gebäuden um 80 Prozent gemindert werden. Ebenfalls bekannt ist, dass der Gebäudesektor für ein Drittel der Gesamtemissionen verantwortlich ist und gut 40 Prozent der in Deutschland benötigten Energie verbraucht. Effiziente Gebäude bieten daher einen doppelten Nutzen: Sie reduzieren nicht nur den CO_2-Ausstoß, sondern mindern auch die Abhängigkeit von fossilen Energieträgern.

Verhalten ohne Energiebewusstsein

Der Energieverbrauch in Gebäuden wird nicht nur durch die Dämmung, sondern auch durch die Betriebsweise der elektrischen Geräte stark beeinflusst. Es ist energetisch meist unsinnig, einen Raum zu beleuchten, wenn sich niemand darin aufhält. Meist haben solche Situationen mit Vergesslichkeit zu tun. Nutzer verhalten sich eben nicht immer energiebewusst. Und in vielen öffentlichen Gebäuden ist das Energiebewusstsein auch deshalb gering, weil die Rückkopplung über die Energiekostenrechnung ausbleibt.

Große Chancen

So weit, so bekannt. Was weniger bekannt ist: In reinen Bürogebäuden macht die Beleuchtung oft bis zu 50 Prozent der gesamten Stromkosten aus. Dementsprechend hoch sind die Chancen, Energieverbrauch und -kosten zu senken. Bis zu drei Viertel ihrer Stromkosten für Bürobeleuchtung können öffentliche Einrichtungen und Unternehmen einsparen, wenn sie ineffiziente Anlagen gegen energieeffizientere Systeme austauschen. Sparsame Leuchtstofflampen und Hochleistungs-LEDs haben eine sehr hohe Lebensdauer. Auf den gesamten Lebenszyklus bezogen gleichen deshalb die geringeren Stromkosten die höheren Anschaffungskosten aus und ermöglichen langfristige Einsparungen.

Weitere Einsparpotenziale erschließen sich durch eine intelligente Steuerung und Nutzung. Moderne Technologien ermöglichen sowohl die optimale Ausnutzung des einfallenden Tageslichts als auch eine Steuerung der Beleuchtung nach dem tatsächlichen Bedarf. Dies kann durch eine automatische stufenlose Dimmung, die mithilfe von Lichtsensoren und Präsenzmeldern gesteuert wird, realisiert werden. Neben einem erheblichen Einspareffekt verbessern sich durch diese Maßnahme zusätzlich auch die Lichtqualität und das Arbeitsklima. Um das maximal mögliche Einsparpotenzial sowie eine gute Lichtqualität zu erreichen, muss ein Beleuchtungssystem aber immer für den konkreten Einsatz geplant werden – dies erfordert Kompetenz und Fachwissen.

Bessere Effizienz und mehr Lichtqualität mit Präsenzmeldern

Dass es diese Lösungen seit Jahren gibt und dass sie zuverlässig funktionieren, hat sich selbst unter Fachleuten noch nicht flächendeckend herumgesprochen. Daher begrüße ich es, dass ESYLUX mit diesem Buch einen wertvollen und vor allem nützlichen Beitrag leistet, eine komplexe Technologie verständlich zu machen und Know-how aus erster Hand zu liefern.

Know-how aus erster Hand

Stephan Kohler, Vorsitzender der Geschäftsführung,
Deutsche Energie-Agentur GmbH (dena)

Kapitel 1
Energieeffizienz durch intelligente Steuerung mit Präsenzmeldern und Bewegungsmeldern

Dass Energie nur gebraucht wird, wenn sie auch nötig ist –

dieses Ideal lässt sich heute einfach verwirklichen.

Eine Schlüsselstellung in der Gebäudetechnik nehmen dabei

Präsenz- und Bewegungsmelder ein. Sie können die Beleuch-

tung sowie Heizungs-, Lüftungs- und Klimaanlagen steuern

und dabei die Betriebskosten senken, die Sicherheit erhöhen

sowie den Komfort verbessern.

1.1 Kunstlicht ist ein Merkmal moderner Gesellschaften

Heute vielfach fast nur noch Kunstlicht

Vor hundert Jahren noch wurden die Menschen vom natürlichen Licht geprägt – heute gibt es viele Menschen, die fast den ganzen Tag lang Kunstlicht ausgesetzt sind.

Licht beeinflusst Gefühle und schafft Stimmungen. Es ist dabei das Spektrum des Lichts, das uns Menschen entscheidend beeinflusst. Warme oder kalte Farbtöne bestimmen das Ambiente eines Raumes und auch den Rhythmus des Menschen, wie Untersuchungen klar aufzeigen.[*]

Warme und kalte Farbtöne

Durch den Lauf der Sonne ergeben sich Verschiebungen der vorherrschenden Farbtöne:

- Am Morgen und Abend herrschen *warme* Farbtöne vor, weil die Sonnenstrahlen flach durch die Atmosphäre dringen. Die lange Luftstrecke dämpft den Blauanteil des Lichts stärker.
- Sobald die Sonnenstrahlen in einem steileren Winkel die Atmosphäre durchdringen, dominieren blaue Töne; es gibt also eine Verschiebung hin zu *kaltem* Licht.

Licht kann auch stören

Licht zum falschen Zeitpunkt allerdings kann störend sein, egal wie die Farbzusammensetzung ist. So ist seit Langem bekannt, dass für einen guten Schlaf ein Zimmer genügend abgedunkelt sein muss. Vor allem in Städten fällt die störende Lichtverschmutzung durch das enorme Streulicht der Straßenbeleuchtung, Leuchtreklamen und Flutlichtanlagen auf.

Viel Kunstlicht

Diese Lichtverschmutzung ist ein Ergebnis des vermehrten Einsatzes von Kunstlicht – moderne Industriegesellschaften sind dadurch gekennzeichnet, dass sie viel Kunstlicht nutzen,

---

[*] Als Beispiel seien die Arbeiten von Anna Wirz-Justice benannt, Zentrum für Chronobiologie an den Universitären Psychiatrischen Kliniken Basel. Weitere Informationen finden Sie im Internet unter www.chronobiology.ch.

im öffentlichen Raum sowie in den Häusern selbst. Es dürfte heute in unserem Land – wie in anderen industrialisierten Ländern auch – nur noch wenige Räume geben, die nicht mit Leuchten ausgestattet sind. Und so leuchtet allnächtlich Kunstlicht, innerhalb wie außerhalb von Gebäuden.

Abb. 1: *Lichtverschmutzung in Europa und angrenzenden Gebieten;*
Quelle: NASA

1.2 Kunstlicht verschlingt Energie

Diese erheblichen Installationen künstlicher Lichtquellen führen nicht nur zu einer Abkehr vom Erleben natürlichen Lichts – sie gehen auch mit einer entsprechend bedeutenden Energienutzung einher. Die Energienutzung wiederum führt zu dazugehörigen Energiekosten sowie zu einem CO_2-Ausstoß, der mit der Nutzung fossiler Energieträger verbunden ist.

Energienutzung verursacht Kosten sowie CO_2

Die Europäische Union hat das Kyoto-Protokoll ratifiziert und verpflichtet sich damit, Energie zu sparen und damit den CO_2-Ausstoß zu reduzieren. Dies führte zur Schaffung gesetzlicher Rahmenbedingungen, die sich inzwischen spürbar auf weite Teile der Gesellschaft auswirken: Produktentwickler, Hersteller, der Handel, Verbraucher sind mit Vorgaben konfrontiert, die zu Energieeinsparungen führen sollen (mehr zu den gesetzlichen Rahmenbedingungen erfahren Sie im Kapitel 7 „Einblicke in die Welt relevanter Normen und Vorgaben", S. 203ff.).

Zwei Beispiele:

- Gemäß der EU-Richtlinie 2005/32/EG sowie der Verordnung (EG) Nr. 244/2009 wurden Mindestanforderungen in Bezug auf die Energieeffizienz von in Haushalten verwendeten Leuchtmitteln festgelegt. In der Praxis bedeutete dies, dass der Verkauf von herkömmlichen Glühlampen immer mehr eingeschränkt wurde.
- In der EU-Verordnung 245/2009 werden Anforderungen an die Energieeffizienz von Leuchtstofflampen, Hochdruckentladungslampen sowie Vorschaltgeräten und Leuchten definiert. Ab 2012 ist der Verkauf ineffizienter Quecksilberdampf- und Natriumdampf-Hochdrucklampen in Stufen verboten; ab 2017 dürfen nur noch hocheffiziente Systeme in den Verkauf gelangen.

In Deutschland verbraucht die Beleuchtung gegenwärtig rund 11 Prozent des gesamten Stroms. Schlüsselt man den Stromverbrauch für Licht weiter auf, zeigt sich, dass rund 9 Prozent in Dienstleistungen, das Gewerbe und die Industrie fließen, in Haushalte etwa 4,5 Prozent und in die öffentliche Beleuchtung rund 1,5 Prozent. Studien zeigen, dass sich durch Präsenz- und Bewegungsmelder große Sparpotenziale erschließen lassen.[*]

---

[*] Vgl. ZVEI-Studie der Hochschule Biberach (siehe S. 168ff.) – hier sind es 36 Prozent. Die dena spricht gar von bis zu 70 Prozent (siehe S. 158).

■ Hintergrund: Präsenz- und Bewegungsmelder

Bewegungsmelder dienen zum Schalten von Leuchten und verfügen unserer Auffassung nach immer zusätzlich über eine einfache Helligkeitsmessung. Erfasst der Bewegungsmelder eine Person in seinem Erfassungsfeld, wird gleichzeitig geprüft, ob die Helligkeit den eingestellten Schwellwert unterschritten hat. Ist dies der Fall, schaltet er die Verbraucher ein und deaktiviert dabei die Helligkeitsmessung. Im Normalfall ist jetzt eine ebenfalls einstellbare Zeit aktiviert, nach der die Verbraucher wieder ausschalten. Stellt der Bewegungsmelder weitere Bewegungen während der Einschaltphase fest, lässt er die Verbraucher auch dann weiter eingeschaltet sein, wenn das natürliche Umgebungslicht den eingestellten Schwellwert überschritten hat. Ein Bewegungsmelder aktiviert die Helligkeitsmessung erst dann wieder, wenn er ausgeschaltet hat.

Der *Präsenzmelder* hingegen misst die Helligkeit ununterbrochen. Er ist deshalb in der Lage, die Verbraucher auch auszuschalten, wenn trotz Bewegungen genügend Tageslicht vorhanden ist. Der Präsenzmelder kann Licht auch dimmen und so dafür sorgen, dass die Summe von Tages- und Kunstlicht (Mischlichtmessung) einen Raum optimal ausleuchtet. Je nach Typ können Präsenzmelder weitere Funktionen im HLK-Bereich automatisieren; er deaktiviert zum Beispiel die Klima- oder Lüftungsanlage, wenn über eine bestimmte Zeit keine Bewegung erfasst wird.

Der Bewegungsmelder wurde zuerst entwickelt. Er übernimmt bis heute einfache Schaltaufgaben in Außenanlagen wie Eingangsbereich, Wegbereich und Parkplatzbeleuchtung. In Innenbereichen wird er typischerweise in Toiletten, Treppenhäusern, Korridoren, Tiefgaragen und Abstellräumen eingesetzt. Dagegen übernimmt der Präsenzmelder vor allem im Innenbereich die Lichtsteuerung von Büros, Schulzimmern, Konferenzzimmern etc. Mit ihm lassen sich Konstantlichtregelungen (S. 91) und die unabhängige Steuerung zweier Lichtgruppen realisieren sowie HLK-Steuerungen beeinflussen. Zudem lassen sich Präsenzmelder in Gebäudeautomatisierungssysteme (▸KNX/▸EIB, ▸LON) integrieren.

1.3 Der Faktor Mensch

Eine Beobachtung   Vermutlich haben auch Sie es schon beobachtet: Überall dort, wo es den eigenen Geldbeutel nicht direkt trifft, fühlt sich kaum jemand für das Lichtausschalten verantwortlich.

Kaum einer schaltet aus   Betrachten wir beispielsweise Büroräume. Noch heute werden in vielen Großraumbüros mit einem Schalterklick oft 30 Leuchtstofflampen oder mehr an der Decke eingeschaltet. Doch im Laufe des Tages, wenn das Tageslicht eigentlich ausreichen würde, sind die meisten so beschäftigt, dass das eingeschaltete Kunstlicht nicht beachtet wird. Auch nach Feierabend bleibt das Licht oft noch eingeschaltet. In solchen Fällen hilft zum Abschalten nur eine automatische Steuerung.

Abb. 2: In Büros wird das Ausschalten der Beleuchtung oft vergessen.

Doch Präsenzmelder können noch mehr, als dem Menschen das Ein- und Ausschalten der gesamten Beleuchtung abzunehmen. Dies zeigen die beiden folgenden Beispiele:

- Da Büros meist auch über Tageslicht verfügen, sollte dieses auch genutzt werden. Das bedeutet praktisch: Das Kunstlicht wird nur so weit aktiviert als unbedingt notwendig. So sorgt die Summe von Tages- und Kunstlicht stets für eine gleichbleibende Beleuchtungsstärke. Präsenzmelder können dies verwirklichen.

Gleichbleibende Beleuchtungsstärke

- In Fensternähe lässt sich noch lange mit Tageslicht arbeiten, während tiefer im Raum Arbeitende schon früher Kunstlicht beziehen müssen. Auch das lässt sich über Präsenzmelder realisieren.

Separate Steuerung

Im Privatbereich bestehen ebenfalls Sparpotenziale. Diese werden erschlossen, wenn einerseits energieeffiziente Beleuchtungssysteme zum Einsatz gelangen und andererseits in Gängen, im Keller, in Abstellräumen oder im WC das Licht über Bewegungsmelder gesteuert wird.

Private Nutzung

Abb. 3: *Beispiel für den privaten Meldereinsatz: Badezimmer*

1.4 Die Energiekosten steigen

Die Indizes weisen nach oben

Dem mangelnden Verantwortungsbewusstsein bzw. der Vergesslichkeit mit Technik zu begegnen, ist auch angesichts der Energiepreise sinnvoll. Denn die Entwicklungen der vergangenen Jahre zeigen: Die elektrische Energie wird deutlich teurer. Die Kurven der Erzeuger- sowie Verbraucherpreisindizes weisen nach oben, und dieser Trend wird sich auch in absehbarer Zeit nicht ändern. Im Gegenteil: Durch die Hinwendung zu einer nachhaltigen Energieversorgung durch erneuerbare Energien werden die Kosten für die Energielieferung, die Netznutzung sowie Steuern, Abgaben und Umlagen – und damit die Energiekosten – eher noch steigen. Momentan ist beispielsweise die Photovoltaik bei Berücksichtigung aller Faktoren deutlich teurer als Energie, die mit Kohle- und Kernkraftwerken gewonnen wird.

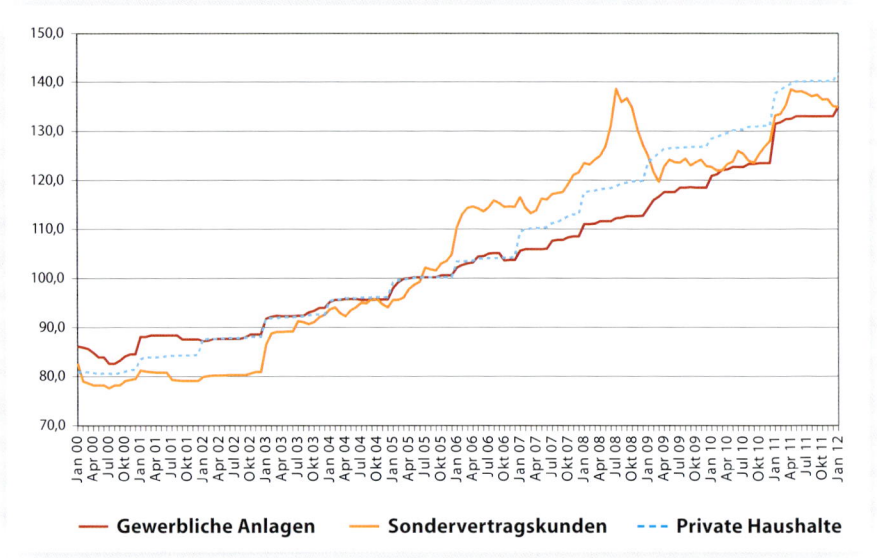

Abb. 4: Erzeugerpreisindizes Strom bei Abgabe an gewerbliche Anlagen und an Sondervertragskunden sowie Verbraucherpreisindex Strom (Privathaushalte); 2005=100. Quelle: Statistisches Bundesamt, Wiesbaden

1.5 Energieeffiziente Beleuchtung

Trotz sich aufwärts bewegender Strompreise steigt der elektrische Energieverbrauch fast jedes Jahr; selbst in Zeiten von Konjunkturflauten ist er kaum eingebrochen. Dabei ließe sich der Energieverbrauch beim Licht im geschäftlichen, öffentlichen und privaten Bereich problemlos verringern.

Der Verbrauch steigt weiter

Die Verringerung lässt sich dabei bekanntermaßen durch den Einsatz von ▸Leuchtmitteln erreichen, die energieeffizienter arbeiten. Doch auch die energieeffizientesten Leuchtmittel verbrauchen zu viel Strom, wenn sie unnötig eingeschaltet sind. Daher liegt der Schwerpunkt dieses Buches auf dem intelligenten, energiesparenden und bedarfsgerechten Schalten, Steuern und Regeln von Beleuchtungsanlagen.

Verzicht auf unnötiges Einschalten

Bedarfsgerechtes Licht im und ums Gebäude

In Gebäuden wie Büros- und Verwaltungskomplexen, Sporthallen, Fitnessanlagen, Messehallen, Krankenhäusern, Pflegeheimen, Schulen, Tiefgaragen, *aber auch bei Anlagen im Freien* für Zuwege, Gärten und Parkplätze stellen sich ganz verschiedene Anforderungen an das Beleuchtungskonzept. Dennoch ist eine Anforderung immer gleich: Das Licht soll nur eingeschaltet sein, wenn dies auch wirklich benötigt wird.

Licht nur dann, wenn es gebraucht wird

Dies gilt in allen Räumen wie etwa Büros, Konferenzsälen, Gängen, Korridoren, Kellerabgängen, Treppenhäusern, WC-Anlagen und Umkleideräumen. Denn die Beleuchtung kann bei einzelnen Gebäuden mit herkömmlichen Installationen bis zu 50 Prozent der Stromkosten ausmachen. Viele Beleuchtungsanlagen könnten heute im Zuge einer Nachrüstung vollautomatisch und energiesparend betrieben werden. Und bei Neubauten ist es sinnvoll, von vornherein Beleuchtungssysteme zu konzipieren, welche die technischen Möglichkeiten des Energiesparens ausschöpfen.

Neben der Effizienz gibt es einen weiteren Vorteil: Es ist ein Zuwachs an Komfort und Sicherheit, wenn in geeigneten Räumen sowie öffentlichen Bereichen das Licht bei Bedarf von selbst angeht, falls das Tageslicht nicht mehr ausreicht. Auf der anderen Seite wird es geschätzt, wenn das Licht automatisch ausschaltet, wenn sich niemand mehr im Bereich aufhält oder das Tageslicht so stark ist, dass kein Bedarf mehr für Kunstlicht besteht.

Bedarfsgerechte Straßenbeleuchtung

Auch bei der
Straßenbeleuchtung
lässt sich sparen
Mit Blick auf die Klimaschutzziele des eingangs genannten Kyoto-Protokolls hat die Bundesregierung beschlossen, dass die Energieversorgung Deutschlands bis zum Jahr 2050 überwiegend durch erneuerbare Energien gewährleistet werden soll. Der kostengünstigste Weg zu diesem Ziel ist die effiziente Nutzung der Energie – nicht nur im und ums Gebäude, sondern auch bei der Straßenbeleuchtung. Sie ist ein bedeutender Stromverbraucher – werden dafür doch in Deutschland 0,8 Prozent des gesamten Stromverbrauchs aufgewendet. In manchen Gemeinden werden bis zu 80 Prozent der elektrischen Energiekosten für die Weg- und Straßenbeleuchtung ausgegeben. Es werden deshalb Stimmen laut, auch hier Energie zu sparen.

Diesem Ruf werden einerseits sparsame LED-Leuchten gerecht, deren Licht sich wesentlich gezielter auf den Bestimmungsort lenken lässt, als dies bei konventionellen Leuchten der Fall ist. In mehreren Städten und Dörfern haben Teststrecken mit LED-Leuchten die Bewohner überzeugt. Die Ausleuchtung der Wege und Straßen ist regelmäßiger und das weiße Licht wird vom Menschen in der Nacht besser aufgenommen als das Licht der gelbstichigen Natriumdampf-Hochdrucklampen.

Noch mehr sparen lässt sich mit dem Absenken der Beleuchtung in den Stadtvierteln ab einer gewissen Zeit. Auch hier können Bewegungsmelder eine Lösung schaffen. LED-Leuchten lassen sich ohne Einbußen bei der Energieeffizienz auf beispielsweise 20 Prozent Lichtabgabe dimmen. Somit ist eine Grundausleuchtung gesichert. Sobald eine Person auf der Straße erfasst wird, schalten die Leuchten in einem bestimmten Straßenabschnitt auf volle Leistung.

Diese Technik kann beispielsweise mit herkömmlichen Natriumdampf-Hochdrucklampen nicht umgesetzt werden, weil diese für häufiges Schalten ungeeignet sind und auch eine viel zu lange Startphase haben, bis sie die volle Lichtleistung abgeben. LED-Leuchten haben dagegen kaum eine spürbare Verzögerung. Die Straßenbeleuchtung kann daher durch LED-Leuchten, die über Bewegungsmelder gesteuert werden, revolutioniert werden. Interessant ist dabei auch, dass oftmals keine neuen Leuchten angeschafft werden müssen: Viele Straßenleuchten können entsprechend nachgerüstet werden.

Nachrüstung ist oft möglich

Abb. 5: *Straßenleuchten mit LED-Leuchtmitteln lassen sich besonders effizient dimmen und können bedarfsgesteuert per Bewegungsmelder ohne nennenswerte Verzögerung auf 100 Prozent Leistung gebracht werden – auf diese Weise lässt sich viel Energie sparen*

1.6 Weitere Vorteile durch den Meldereinsatz

Weitere Vorteile

Auf den vorherigen Seiten wurden bereits stichhaltige Argumente geliefert, die einen Einsatz von Präsenz- und Bewegungsmeldern nahelegen. Doch es gibt weitere Vorteile, die nun skizziert werden:

- verringerte Installationskosten
- höhere Sicherheit
- Barrierefreiheit beim altersgerechten Wohnen
- bessere Hygiene

Verringerte Installationskosten

Installationskosten sparen

Je nach Situation lassen sich mit Präsenz- und Bewegungsmeldern Installationskosten sparen. Dies trifft immer dann zu, wenn Leitungen für Schalter beispielsweise in Korridoren und WC-Anlagen vollständig entfallen. Wenn es gilt, eine Beleuchtungkonzeption zu optimieren, dürfen folglich nicht nur die Mehrkosten für die Automatisierung zählen, sondern es ist auch abzuschätzen, was an Installationskosten gespart werden kann – wenn beispielsweise in einem Korridor drei Schaltstellen wegfallen, sind damit ein oder zwei Bewegungsmelder bereits bezahlt.

Höhere Sicherheit

Schutz vor Einbrechern

Bewegungsmelder im Außenbereich sorgen dafür, dass die Außenleuchten dann einschalten, wenn Bewegungen erfasst werden. Sie schaffen damit nicht nur Komfort, sondern bieten auch Schutz vor Einbrechern. Denn Licht wird von Dieben als störend empfunden. Deshalb sollten einbruchgefährdete Bereiche automatisch beleuchtet werden.

Nutzungsverhalten simulieren

Es gibt auch Techniken, die eine Anwesenheit auf Basis eines realistischen Nutzungsverhaltens zur Abschreckung nachspielen. Dabei werden die seitens der Präsenz- und Bewegungsmelder erfassten Daten gespeichert und bei Abwesenheit zur Lichtsteuerung „abgespielt".

Zwar liegen uns keine Statistiken über die Abschreckungswirkung des automatisch eingeschalteten Lichts im Außen- sowie im Innenbereich vor, doch wird der Einsatz von Bewegungsmeldern von der polizeilichen Kriminalprävention der Länder und des Bundes empfohlen: Bewegungsmeldergesteuerte Außenbeleuchtungen sind ein wirksamer Baustein der Strategie zur Vorbeugung von Einbruchdiebstählen.

Abb. 6: Licht schreckt Einbrecher ab

Barrierefreiheit beim altersgerechten Wohnen

In der vertrauten Umgebung zu wohnen und darin alt zu werden, ist für viele Menschen ein grundsätzliches Bedürfnis. Geeignete Technik kann die Verwirklichung des Wunsches nach einer selbstbestimmten Gestaltung des letzten Lebensabschnittes unterstützen und Kompetenzeinschränkungen im Alter kompensieren.

Technik kann Einschränkungen kompensieren

So trägt – nebst dem möglichst barrierefreien Bau der Wohnungen – eine automatisierte Beleuchtung dazu bei, den Komfort und die Sicherheit zu erhöhen. Wenn Personen an Gehhilfen laufen oder mit einem Rollator unterwegs sind, schätzen sie es, wenn sich das Licht in Gängen, WC-Anlagen oder sonstigen Räumen automatisch einschaltet. Auch ein nächtliches Orientierungslicht in Fluren bedeutet vor allem für alte Menschen Sicherheit, denn durch dieses Orientierungslicht ist der Raum nie ganz dunkel und trotzdem wird Energie gespart. Mit Präsenz- und Bewegungsmeldern lassen sich solche Lösungen verwirklichen.

Automatisierte Beleuchtung und Orientierungslicht

Wunsch nach Bewegungsmeldern

Dass sich ältere Menschen eine Erweiterung der Technikausstattung wünschen, zeigt ein interdisziplinäres Forschungsprojekt des Deutschen Zentrums für Alternsforschung an der Universität Heidelberg: Hierbei ergab sich, dass sich 44 Prozent der beeinträchtigten Befragten sowie 39 Prozent der nicht beeinträchtigten Befragten einen Bewegungsmelder im Hausflur wünschen.[*]

Bessere Hygiene

Keine Übertragung von Krankheitserregern

In öffentlichen Gebäuden wie Schulhäusern, Krankenhäusern und Altenheimen können Lichtschalter zur Übertragung von Krankheitserregern führen. Leuchten, die über Präsenz- und Bewegungsmelder gesteuert werden, vermeiden dies zuverlässig, da es keine Schaltstellen mehr gibt, die berührt werden müssen. Damit trägt der Einsatz von Präsenz- und Bewegungsmeldern auch zu einer verbesserten Hygiene bei.

1.7 Man kann es auch falsch machen

In einem Internetforum war zu lesen:

Wenn man plötzlich winken muss

„Jetzt sind wir in der Jugendherberge und die haben neue Duschen und Toiletten auf den Zimmern. In dem kleinen Bad geht das Licht nur per Bewegungsmelder an und dann auch automatisch nach einiger Zeit wieder aus. Schwierig wird es, wenn man unter der Dusche steht und das Licht geht aus! Da hilft alles nix: Türe auf, das halbe Bad unter Wasser setzen und einmal dem Bewegungsmelder winken. Das ist doch nicht normal!"

---

[*] Vortrag von Dr. Heidrun Mollenkopf & Roman Kaspar, Deutsches Zentrum für Alternsforschung an der Universität Heidelberg, zugänglich über die Deutsche Gesellschaft für Gerontologie und Geriatrie (Berlin), www.dggg-online.de/pdf/mollenkopf.pdf.

Der Autor in diesem Forum hat recht: Nein, ein solches Szenario ist keine gut realisierte Technik. Oft werden nicht die richtigen Produkte eingesetzt oder bei der Positionierung bzw. dem Installieren grobe Fehler gemacht. In diesem Fall hätte beispielsweise ein kombinierter Präsenz- und Geräuschmelder zum Einsatz kommen müssen (siehe S. 128). Automatisierte Beleuchtungen werden auch in Duschen und WC-Anlagen bei richtiger Planung und Einrichtung ihren Zweck voll erfüllen. Worauf es dabei ankommt und wie Sie – nicht nur im Nassbereich – eventuelle Fehlerquellen souverän umgehen, erfahren Sie in diesem Buch.

Fehler vermeiden

1.8 Fazit

Es lohnt sich, Beleuchtungsanlagen intelligent zu planen. Die Mehrinvestitionen einer durchdachten Beleuchtungssteuerung amortisieren sich schon nach wenigen Jahren allein durch die Energieeinsparung. Der Einsatz von Präsenz- und Bewegungsmeldern trägt damit auch zur CO_2-Reduzierung bei – und dies oft mit Komfortgewinn. Energie wird dann nur gebraucht, wenn sie auch wirklich nötig ist.

Mehrinvestitionen rentieren sich

Kurz: Präsenz- und Bewegungsmelder
- sparen Energie und damit Kosten
- erhöhen Sicherheit
- verbessern Komfort

Mehrfacher Nutzen

Darüber hinaus lassen sich auch Installationskosten verringern. Damit haben Sie genügend Argumente, um den Rest des Buches genauer zu studieren.

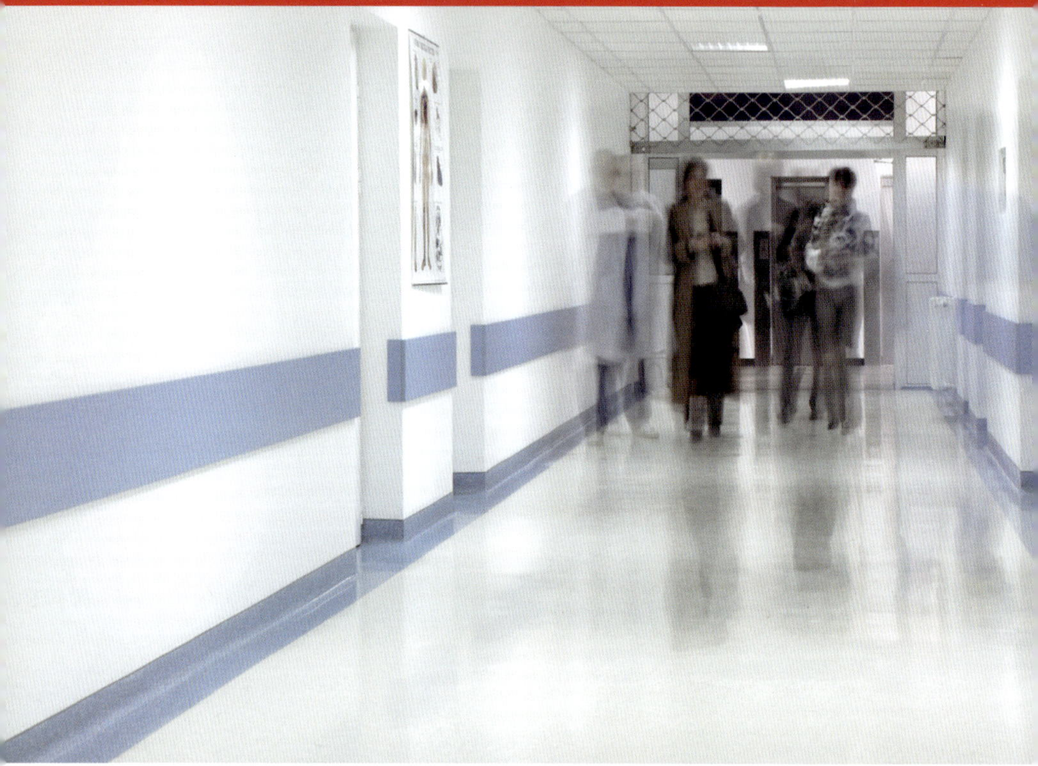

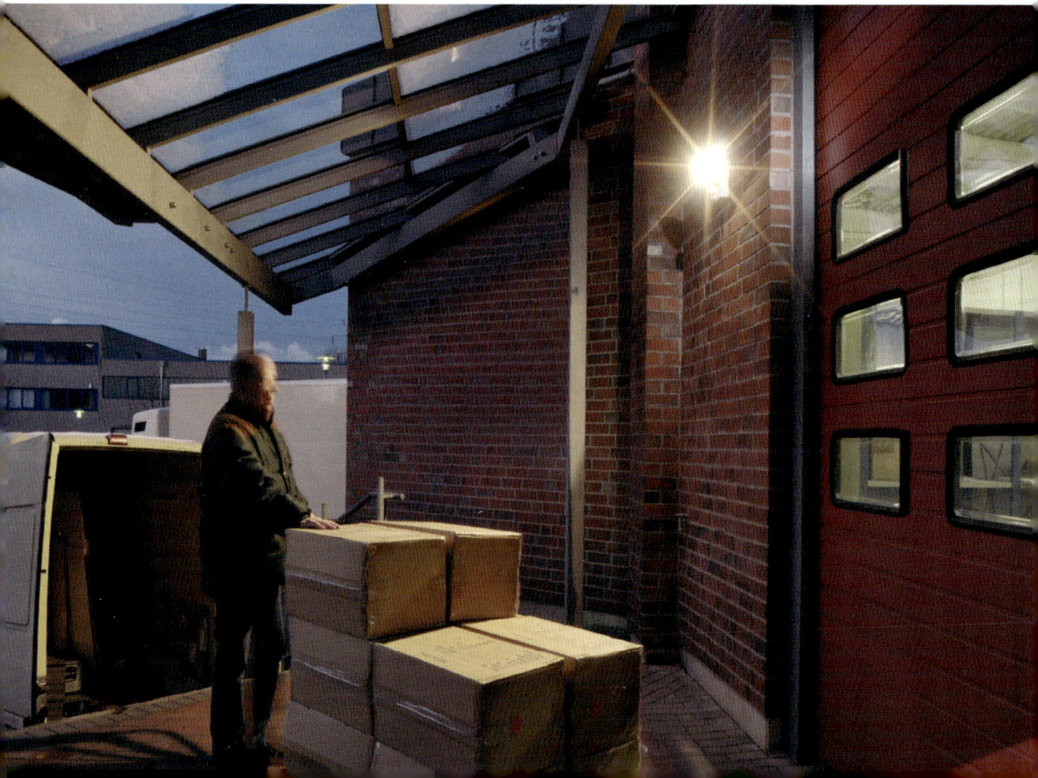

Kapitel 2

Grundlagen der Bewegungserfassung

Um Energie nur dann zu nutzen, wenn sie auch wirklich benötigt wird, muss zunächst erfasst werden, ob sich Menschen im Raum aufhalten. Dies geschieht über die Detektion von Bewegungen. Bewegungen von Personen lassen sich auf verschiedene Weise und mit entsprechend unterschiedlichen Meldern registrieren. Jede Technik nutzt dabei ein anderes physikalisches Prinzip mit spezifischen Vor- und Nachteilen.

2.1 Bewegung

Definition „Bewegung"   Wenn sich der Ort eines Beobachtungsobjekts mit der Zeit verändert, wird diese Veränderung als Bewegung bezeichnet.

Abhängig vom Beobachter   Die Beschreibung der Bewegung eines Beobachtungsobjekts hängt vom Beobachter ab:
- Aus Sicht der Sonne bewegt sich der Mitarbeiter, der ruhig an einem Schreibtisch sitzt, mit hoher Geschwindigkeit um die Sonne und gleichzeitig, ebenfalls mit hoher Geschwindigkeit, um die Erdachse.
- Aus Sicht des am Nachbarschreibtischs sitzenden Kollegen scheint sich der Mitarbeiter dagegen nicht zu bewegen.

Bewegungen erfassen und auswerten   Bewegungen lassen sich erfassen und auswerten. Zu diesem Zweck sind verschiedene technische Verfahren entwickelt worden. Auf den folgenden Seiten beschreiben wir die beiden wichtigsten Verfahren, die bei Präsenz- und Bewegungsmeldern eingesetzt werden. Beide nutzen elektromagnetische Strahlen, um Bewegungen zu erfassen.

2.2 Das elektromagnetische Strahlenspektrum

Die fünf Sinne   Der Mensch verfügt bekanntermaßen über fünf Sinne:
- Sehen
- Hören
- Riechen
- Schmecken
- Tasten (einschließlich Wärmeempfinden über die Haut)

Mit diesen Sinnen nehmen wir die Welt wahr.

Nur ein Ausschnitt   Auch wenn uns dies meist nicht bewusst ist: Es handelt sich bei diesen Wahrnehmungen stets nur um einen kleinen Ausschnitt dessen, was uns umgibt. Denn es gibt viele Strahlen und auch Töne, die außerhalb der direkten menschlichen Sensorik liegen.

Ein Beispiel: Wenn jemand in der Sonne liegt, spürt er von der ultravioletten Strahlung zuerst einmal gar nichts, weil wir Menschen für ultraviolettes Licht keine Sensorik besitzen. Erst am Abend zeigt sich ein Sonnenbrand.

Beispiel: UV-Strahlung

Infrarote Strahlen können Menschen ebenfalls nicht sehen, sie fühlen sie allenfalls als Wärme auf der Haut.

Infrarotstrahlung

In den vergangenen 50 Jahren sind zahlreiche Möglichkeiten entwickelt worden, sich bewegende Objekte – vor allem sich bewegende Personen – zu erfassen. Besonders zwei Methoden zur Erfassung sich bewegender Personen haben sich als besonders tauglich herausgestellt.

Zwei Methoden

Dabei handelt es sich um:
1. die Methode zur Messung von *Infrarotstrahlung* (denn warme Objekte senden Infrarotstrahlen aus; diese lassen sich messen)
2. die Methode der *Reflexionsmessung von hochfrequenter Strahlung* (denn der menschliche Körper reflektiert Hochfrequenzwellen und aus diesen reflektierten Wellen lässt sich auf die Anwesenheit einer Person schließen)

Ergänzt werden diese Methoden durch den Ansatz, Bewegung mit Ultraschallsensoren zu erfassen.

Für eine nähere Betrachtung insbesondere der Infrarot- sowie der Hochfrequenz-Methode ist es zunächst hilfreich, das elektromagnetische Strahlenspektrum im Allgemeinen anzuschauen. Die Abbildung auf der folgenden Seite verdeutlicht, dass bezüglich der verschiedenen Strahlen nur ein Frequenz- bzw. Wellenlängenunterschied besteht.

Das elektromagnetische Strahlenspektrum

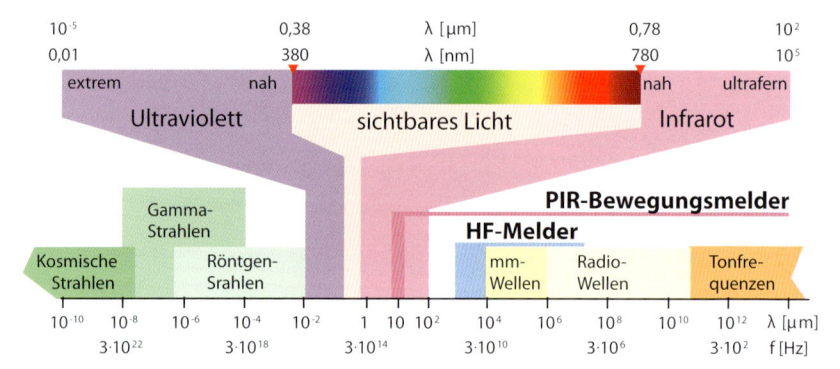

Abb. 7: *Das elektromagnetische Strahlenspektrum*

Wellenlänge und Frequenz	Jeder Wellenbereich lässt sich durch die zugehörigen Wellenlängen sowie Frequenzen eingrenzen. Der Zusammenhang von Wellenlänge und Frequenz ist:

$$\lambda = \frac{c}{f}$$

λ = Wellenlänge in m
$c = 3 \cdot 10^8$ m/s (Lichtgeschwindigkeit)
f = Frequenz in Hz

Drei Wellenbereiche	Zur Erfassung von sich bewegenden Personen werden drei Wellenbereiche genutzt, wobei spezielle Sensoren jeweils unterschiedliche physikalische Prinzipien nutzen. Bei den Sensoren handelt es sich dabei um:

- Passiv-Infrarot(PIR)-Sensoren
- Hochfrequenz(HF-)Sensoren
- Ultraschallsensoren

Passiv-Infrarot(PIR)-Sensoren im Allgemeinen

Keine Abgabe von Strahlung	PIR-Sensoren erfassen Wärmestrahlen im Bereich von 10 µm Wellenlänge. Sie geben selbst keine Strahlung ab, daher der Name *Passiv*-Infrarot-Sensor. Hinsichtlich der Infrarot-Strah-

lungsmessung basieren Präsenz- und Bewegungsmelder auf der gleichen physikalischen Grundlage.

Um die Physik der PIR-Sensoren zu verstehen, ist zunächst zu klären, was überhaupt Wärmestrahlen sind, die PIR-Sensoren erfassen. Wie eingangs gezeigt, ist der sichtbare Bereich mit dem Regenbogenspektrum nur ein winziger Ausschnitt im Wellenspektrum. Der Infrarotanteil der elektromagnetischen Strahlung beginnt dort, wo das menschliche Auge aufhört zu sehen, nämlich bei 780 nm bzw. 0,78 µm.

Beginn des Infrarot-Anteils

Es hat sich in der Physik durchgesetzt, die Infrarotstrahlung in vier Bereiche aufzuteilen (man gibt hier üblicherweise keine Frequenzen mehr an, sondern nur noch die Wellenlänge):

Vier Bereiche

- 0,7...3 µm (nahes Infrarot, NIR)
- 3...6 µm (mittleres Infrarot, MIR)
- 6...15 µm (fernes Infrarot, FIR)
- 15...100 µm (ultrafernes Infrarot, VFIR)

Hier sehen Sie das Infrarotbild eines Menschen. Eine Spezialkamera tastete im Bereich des Bildes Tausende von Punkten ab und maß von jedem Punkt die Temperatur. Der Messwert wurde von einem Rechner in eine Farbe umgewandelt.

Infrarotbild eines Menschen

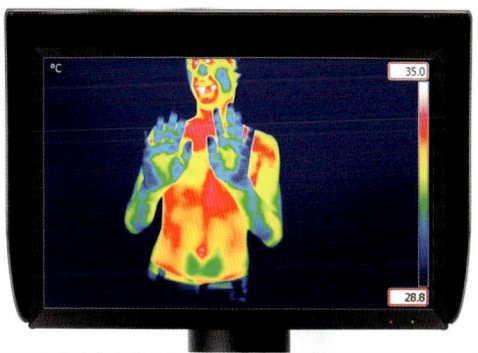

Abb. 8: *Infrarotbild; dunkelblau bedeutet 29 °C, weiß 35 °C*

Der Mensch strahlt Dieses Infrarotbild eines Menschen macht deutlich: Der Mensch strahlt im Infrarotbereich Energie in Form von Infrarotstrahlen aus. So ist zu erkennen, dass der Mund des Menschen (weiß) eine Temperatur von 35 °C aufweist. Die Finger hingegen sind kühler, sie dürften teilweise unter 31 °C liegen.

Die Infrarotstrahlung lässt sich für die Bewegungserfassung nutzen. PIR-Sensoren erfassen dabei den Bereich um 10 µm, also *fernes* Infrarot.

Wellenlänge für die Fernbedienung Daneben ist ein weiterer Bereich von Belang. Betrachtet man die Strahlung der Sonne, fällt auf, dass die Sonne weit in den Infrarotbereich strahlt, die Strahlungsintensität aber bei zirka 0,95 µm ein „Loch" hat. Genau bei dieser Wellenlänge – im *nahen* Infrarot – arbeiten Infrarot-Fernsteuergeräte für die zahlreichen Geräte wie Fernseher, Stereoanlagen, aber auch für Präsenz- und Bewegungsmelder, denn in diesem Wellenlängenbereich stört der entsprechende Infrarotanteil des Sonnenlichts die Funktion der Fernbedienung am wenigsten.

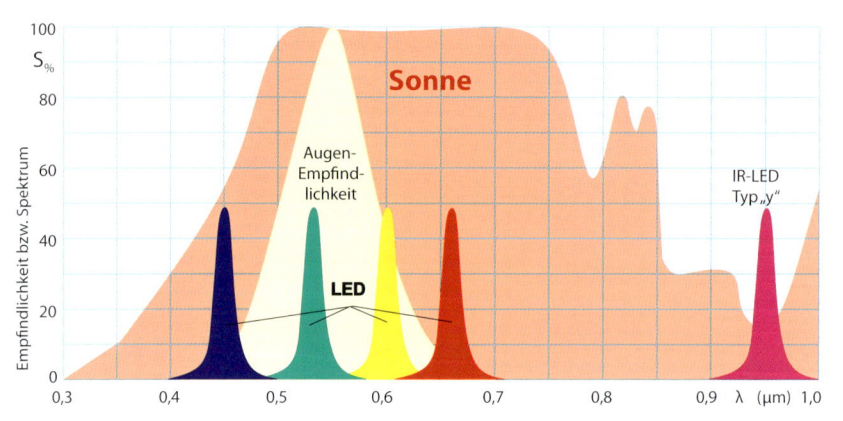

Abb. 9: *Strahlung der Sonne, gewisser LED und die Empfindlichkeit der Augen*

Ultraschallsensoren

Ultraschall

Mit Ultraschall bezeichnet man Schall mit Frequenzen oberhalb des Hörfrequenzbereichs des Menschen. Ultraschall umfasst Frequenzen ab etwa 20 kHz bis 1 GHz, wobei der Ultraschallsensor Schallwellen im Bereich von 30…400 kHz nutzt. Da Ultraschallwellen keine elektromagnetischen Wellen sind, sondern für ihre Ausbreitung ein Medium brauchen (Luft), sind sie im weiter vorn dargestellten elektromagnetischen Strahlenspektrum nicht aufgeführt.

Vier Schallfrequenz-Typen

Schallfrequenzen werden wie folgt eingeteilt:
- Infraschall (nicht hörbar)
- Hörschall
- Ultraschall (nicht hörbar)
- Hyperschall (nicht hörbar)

Ultraschallsensoren sind heute weitverbreitet. Seit der Einsatz im Auto Standard geworden ist, um beim Rückwärts- und Vorwärtsparken keinen Schaden anzurichten, sind sie weithin bekannt.

Aktive Sensoren

Ultraschallsensoren sind aktive Sensoren: Über eine spezielle Membran senden sie Schallimpulse aus, die dann auf ein Objekt treffen. Die Schallwellen werden vom Objekt reflektiert. Aus der Zeitdifferenz von ausgesendetem und reflektiertem Schallimpuls sowie der Schallgeschwindigkeit von ungefähr 330 m/s lässt sich die Distanz des Objekts zum Sensor recht genau ermitteln.

In diesem Buch nicht weiter beschrieben

Zur Steuerung von Beleuchtungsanlagen kommen Ultraschallsensoren kaum zum Einsatz; zur Überwachung von Räumen hingegen werden sie häufig als ergänzender, zweiter Sensor eingesetzt. Da es in diesem Buch hauptsächlich um intelligente und energiesparende Beleuchtungssteuerungen geht, werden Ultraschallsensoren im Folgenden nicht weiter beschrieben.

Hochfrequenz(HF-)Sensoren im Allgemeinen

Auch die HF-Sensoren sind aktive Sensoren

HF-Sensoren arbeiten in einem Bereich von 5,6...30 GHz. Sie sind im Gegensatz zu Passiv-Infrarot-Sensoren *aktive* Sensoren und strahlen über eine spezielle Antenne Hochfrequenzwellen geringer Leistung aus. Die Strahlen, die sie als Echo einer sich bewegenden Person auswerten, erzeugen sie also selbst, während PIR-Sensoren die von den auszuwertenden Objekten ausgehende Strahlung erfassen.

2.3 Passiv-Infrarot(PIR)-Sensoren im Speziellen

In diesem Teilkapitel werden die Passiv-Infrarot-Sensoren und die darauf basierenden Passiv-Infrarot-Melder näher beschrieben.

Physikalische Grundlagen der PIR-Sensoren

Wärmestrahlung von Objekten

Jedes Objekt sendet Wärmestrahlung aus, sofern seine Temperatur über dem absoluten Nullpunkt von -273 °C liegt. Die Intensität und die spektrale Verteilung dieser elektromagnetischen Strahlung hängt von der Temperatur und der Oberfläche des Körpers ab. Eine mit Blick auf den Wirkungsgrad perfekte Abstrahlung weist ein schwarzer matter Körper auf.

Planck'sches Strahlungsgesetz

Für den idealen schwarzen Körper gilt das Planck'sche Strahlungsgesetz. Die abgestrahlte Energie steigt mit der vierten Potenz der absoluten (thermodynamischen) Temperatur, also mit T^4. Einfacher gesagt: Je heißer ein Körper, desto intensiver die Abstrahlung.

Das Maximum beim menschlichen Körper

Die Sonne hat ihr Maximum im sichtbaren Bereich von 0,4...0,8 µm, der menschliche Körper hingegen bei zirka 10 µm. Im Bereich von 8...14 µm stellt die Luft ein Fenster dar und lässt Strahlung dieser Wellenlänge praktisch ohne Dämpfung durch.

Die folgende Abbildung zeigt die elektromagnetische Strahlung der Sonne und die eines Menschen.

Strahlung der Sonne und des Menschen

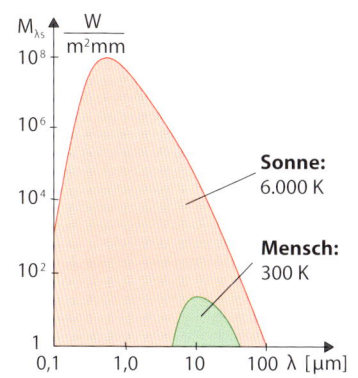

Abb. 10: *Spezifische spektrale Ausstrahlung der Sonne und des Menschen*

Somit ist klar: Will man einen Präsenz- und Bewegungsmelder konstruieren, der auf die Wärmeabstrahlung eines Menschen oder Tieres anspricht, muss dieser auf einen Teilbereich des Infrarotspektrums optimiert sein, nämlich auf eine Wellenlänge von 10 μm.

Optimale Wellenlänge

Die beiden Kurven zeigen außerdem, dass die Sonne die vom Menschen ausgehende Strahlung deutlich übersteuert. Es muss also eine Auswertlogik zur Anwendung kommen, die die Sonneneinstrahlung und auch Umgebungswärme filtern kann.

Die Sonne übersteuert

Um die Infrarotstrahlung zu erfassen, wird ein PIR-Sensor genutzt. Immer dann, wenn sich seine Temperatur ändert, gibt er kurzzeitig ein Signal aus. Dies passiert, wenn sich eine Wärmequelle in seinen Erfassungsbereich hinein- oder herausbewegt. Das bedeutet zugleich, dass unbewegliche Infrarotquellen automatisch ausgeblendet werden. Die Bewegung der Wärmequelle ist für eine Detektion notwendig.

Signal bei Temperaturänderung

Um menschliche Bewegungen zu erfassen, werden folgende Maßnahmen ergriffen:

Bündelung per Linse

1. Physikalisch werden die Infrarotstrahlen über die Linse auf den PIR gebündelt. Dabei entstehen passive und aktive Zonen. Wenn die Wärmequelle mehrere Zonen durchquert, ist dies ein deutlicher Hinweis auf eine sich bewegende Wärmequelle. Bleibt die Wärmequelle in einer Zone, passiert nichts! Genauer zeigen wir dies ab Seite 44.

Auswertung per Software

2. Per Software werden im Melder unterschiedliche Parameter ausgewertet. Dazu zählen die Intensität der Wärmestrahlung (einschließlich des Unterschiedes zwischen Umgebungstemperatur und Wärmequelle), die Schnelligkeit des Durchschreitens von aktiven und passiven Zonen sowie die Anzahl der „gekreuzten" Zonen.

Das Funktionsprinzip des PIR-Sensors

Pyroelektrischer Kristall

Das Herz eines Präsenz- und Bewegungsmelders ist ein pyroelektrischer Kristall, der mit Elektroden versehen ist. Als pyroelektrische Materialien haben sich einkristallines Lithiumtantalat $LiTaO_3$ oder keramische Materialien auf Basis von Bleizirkonat/-titanat PZT durchgesetzt.

Die Strahlung wird absorbiert

Die Infrarotstrahlung – man spricht exakt gesagt vom Strahlungsfluss $\Phi(t)$ – wird auf diesen Kristall gebündelt und von diesem absorbiert (siehe Abbildung).

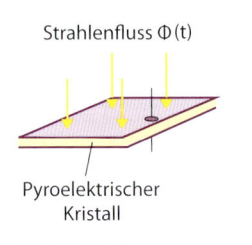

Strahlenfluss $\Phi(t)$

Pyroelektrischer
Kristall

Abb. 11: *Schematische Darstellung eines pyroelektrischen Kristalls*

Die Temperatur des Kristalls ändert sich dadurch geringfügig und das führt zu einer Ladungsverschiebung an den beiden Elektroden. Die winzige Spannungsänderung wird von einem im Sensor integrierten Verstärker sehr hochohmig ausgekoppelt.

Kleine Spannungsänderung

Ändert sich die Umgebungstemperatur recht schnell, was beispielsweise dann gegeben ist, wenn die Sonne von einer Wolke abgedeckt wird, könnte dies ein unerwünschtes Signal im pyroelektrischen Kristall hervorrufen. Um Fehlschaltungen zu verhindern, sind in einem PIR-Sensor mindestens zwei antiparallel geschaltete pyroelektrische Kristalle einzusetzen, wie dies auf der nächsten Abbildung zu sehen ist.

Vermeidung unerwünschter Signale

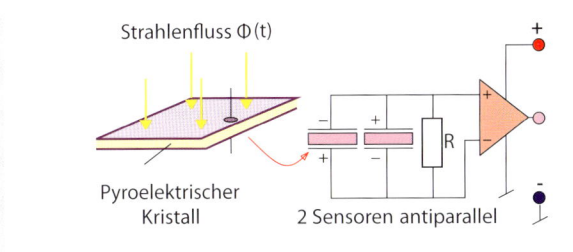

Abb. 12: Zwei antiparallel geschaltete pyroelektrische Kristalle mit Verstärker

Eine in kurzer Zeit ansteigende *äußere* Temperatur wirkt auf beide Kristalle gleichzeitig, die Ladungsverschiebungen beider Kristalle heben sich gegenseitig auf. Zudem regelt und steuert hier die Software erheblich.

Anstieg der äußeren Temperatur

Strahlt hingegen die Sonne direkt in den Sensor und wird diese Sonnenstrahlung durch eine vorbeiziehende Wolke relativ schnell von einer Seite her kommend abgedeckt, lässt sich dies *nicht* kompensieren, weil dies der Strahlungsände-

Direkte Sonneneinstrahlung

rung durch einen Menschen im Erfassungsbereich gleich-
kommt. Diese unerwünschte Empfindlichkeit tritt vor allem
bei Wandmeldern auf, sie ist aber auch bei Deckenmeldern
zu beobachten, wenn die Sonne indirekt auf den Sensor ein-
wirkt. Eine gute Software mit entsprechenden Auswerte-
logarithmen kann dem entgegenwirken.

TIPP Um einen Melder optimal zu positionieren, ist der Ort der
Montage so zu wählen, dass er nicht durch direkte oder indirekte Sonneneinstrahlung beeinflusst wird.

Der hochohmige Widerstand R ist nötig, damit sich die La-
dung langsam wieder abbaut.

Jahreszeitabhängigkeit im Detektions-verhalten von Meldern

Schon mancher Hausbesitzer stellte fest, dass sein Bewegungs-
melder die Außenleuchte im Frühling bis Herbst bereits in 15
Meter Entfernung zum Haus einschaltet, hingegen an eisigen
Winterabenden erst in 5 Meter Nähe. Was ist die Ursache dafür?

Wenn im Winter ein Mensch gut „eingepackt" ist, bleibt als
strahlende Fläche fast nur noch das Gesicht übrig, die Jacke ist
schon nahe an der Umgebungstemperatur.

Abb. 13: *Strahlung eines dick angezogenen Menschen*

Es darf deshalb nicht verwundern, wenn zu solchen Zeiten die Empfindlichkeit eines einfachen Bewegungsmelders eingeschränkt ist. Denn je größer die abstrahlende Fläche und je höher die Temperaturdifferenz zur Umgebung, desto größer ist auch das Signal, das im pyroelektrischen Kristall entsteht. Die Empfindlichkeit ist auch bei starkem Nebel, Schnee und Regen eingeschränkt.

In heißen Sommernächten – davon betroffen sind natürlich vor allem südliche Gebiete – tritt ein anderer Effekt auf: Personen sind an solchen Tagen spärlich gekleidet, die Infrarotabstrahlung des Menschen ist ideal.

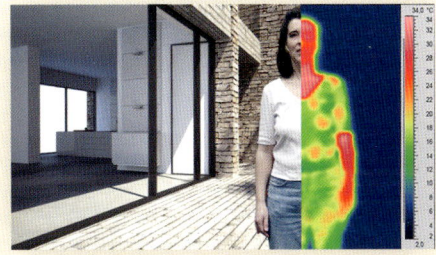

Abb. 14: *Strahlung eines leicht gekleideten Menschen*

Wenn allerdings die Umgebungstemperatur annähernd der menschlichen Körpertemperatur entspricht, ist ein Objekt für einen PIR-Sensor fast unsichtbar.

Wie eben bereits angedeutet: Die Empfindlichkeit des PIR-Sensors ist umso ausgeprägter, je größer die Differenz der Körpertemperatur zur Umgebung ist. Bei einer Bodentemperatur von 33 °C und einer Oberflächentemperatur des Menschen im Bereich von 30…35 °C, besteht nur ein geringer Temperaturunterschied. Auch in diesem Fall ist die Empfindlichkeit des PIR-Sensors eingeschränkt – er erfasst eine Person erst in naher Distanz.

Hochwertige Präsenzmelder, aber insbesondere Bewegungs-melder korrigieren diese temperaturbedingten Auswertungs-schwankungen per Software (Temperaturabgleich).

Ein Melder auf Infrarotbasis ist meist auf eine Temperaturdiffe-renz zwischen Objekt und Umgebung von mindestens ±2 °C angewiesen.

Erfassung bewegter Personen

Aktive und passive Flächen Wie die folgende Abbildung zeigt, unterteilt der Sensor den Raum über die pyroelektrischen Kristalle in aktive und pas-sive Flächen. Diese Flächen werden mit steigendem Abstand zum Sensor immer größer.

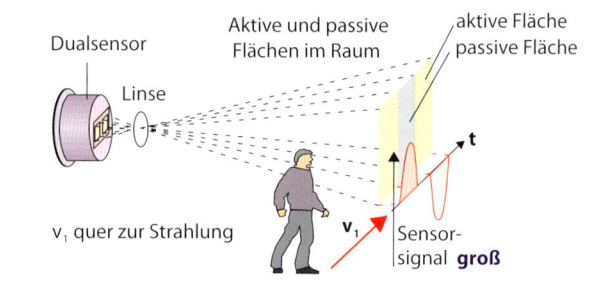

Abb. 15: *Erfassung einer Person, die aktive und passive Flächen im Raum durchquert*

Großes Sensorsignal Durchquert nun eine Person die Flächen (v_1), ruft dies zu-erst im einen und dann im zweiten Kristall eine Ladungs-verschiebung hervor. Die Sensorspannung zeigt dabei den gezeichneten Verlauf, weil die beiden Kristalle ja antiparallel geschaltet sind.

Kleines Sensorsignal Für ein möglichst hohes und damit eindeutig auswertbares Sensorsignal ist es wichtig, dass die aktiven Flächen durchquert werden. Läuft nun eine Person im Strahlengang auf den Sensor zu (v_2), würde es kaum ein Signal geben, weil keine aktiven und passiven Flächen durchquert werden. Um nun doch noch ein verwertbares Signal zu erhalten, verdreht man die beiden pyroelektrischen Kristalle.

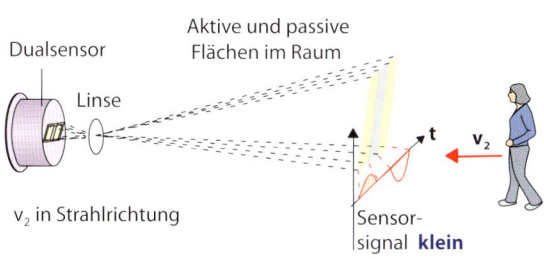

Abb. 16: *Die Verdrehung des Sensors ergibt verdrehte Flächen im Raum – sie erfassen auch eine Person, die auf den Sensor zuläuft*

Läuft nun eine Person auf den Sensor zu, werden auf diese Weise doch noch Flächen langsam durchquert. Aber schon die einfache Grafik zeigt, dass kein besonders großes Signal entsteht. Mit empfindlichsten Kristallen, bester Verstärkertechnologie und möglichst feinen Linsen, die viele aktive und passive Flächen im Raum abbilden, können moderne Sensoren auf PIR-Basis auch Personen gut erfassen, die auf den Sensor zugehen, sich also in Bezug auf den Sensor radial bewegen. Alle PIR-Sensoren – ob in Präsenz- oder in Bewegungsmeldern – liefern allerdings ein größeres Signal, wenn ihr Strahlgang durchquert wird.

Erfassung radialer Bewegungen

Moderne 360°-Präsenzmelder haben bis zu vier Sensoren, die wiederum je bis zu vier Kristalle enthalten können, um in allen Richtungen hohe Empfindlichkeiten aufzuweisen und einen sich nähernden Menschen schon in einer Distanz von bis zu 30 Metern (abhängig von der Montagehöhe) zu erfassen.

Hohe Empfindlichkeit in allen Richtungen

Wie sich die Empfindlichkeit bei Querung des Strahlengangs und bei Annähern im Strahlengang auf den Sensor real auswirkt, zeigt die folgende Abbildung.

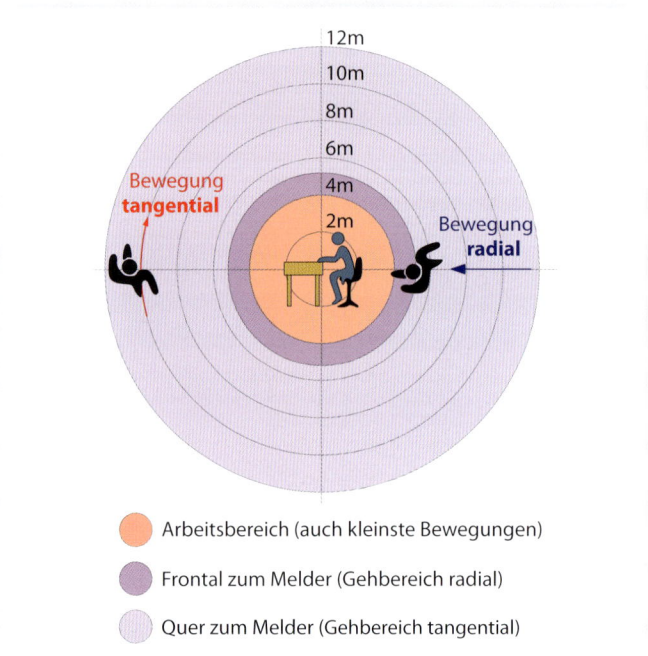

○ Arbeitsbereich (auch kleinste Bewegungen)

● Frontal zum Melder (Gehbereich radial)

○ Quer zum Melder (Gehbereich tangential)

Abb. 17: Erfassungsbereiche eines Decken-Präsenzmelders bei verschiedenen Bewegungen einer Person

Der im Bild gezeigte Sensor erfasst eine Person, die quer zum Strahlgang läuft, noch in einer Entfernung von etwa 12 Metern (helles Lila). Wenn hingegen die gleiche Person im Strahlengang auf den Sensor zuläuft, wird die Person nur noch in einer Distanz von etwa 5 Metern erfasst (dunkles Lila).

TIPP Deshalb: Wenn es der Raum erlaubt, sollte der Sensor bei der Montage so positioniert werden, dass Personen seinen Strahlengang durchqueren.

Erhöhung der Empfindlichkeit durch Linsen

Präsenzmelder müssen auch kleinste Bewegungen in einem großen Abstand zum Sensor erfassen. Eine Lösung ist, wie schon erwähnt, hierfür 4 Sensoren mit je 4 pyroelektrischen Kristallen zu verwenden.

Dies reicht jedoch allein nicht aus. Zusätzlich muss das Sichtfeld des Pyrodetektors durch eine vorgeschaltete Speziallinse in viele aktive und passive Zonen aufgeteilt werden.

**Vorschaltung
einer Speziallinse**

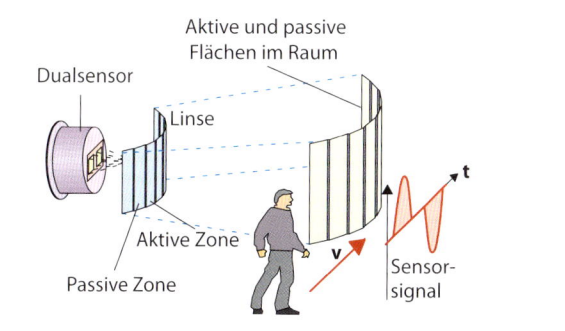

Abb. 18: *Sensor mit Linse*

Es gibt Linsen mit aktiven und passiven Längsfeldern (z. B. Fresnellinse) und solche, die eine Wabenstruktur aufweisen.

**Linsen mit Längsfeldern
und mit Wabenstruktur**

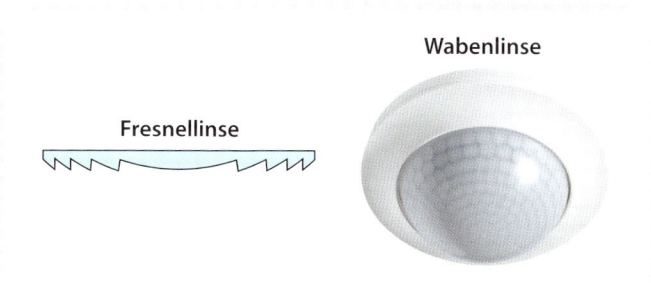

Abb. 19: *Linsentypen*

Unterschiedliche Meldertypen	Die Anzahl der Segmente, die als Längsfelder oder Waben ausgeführt sind, hängt stark vom Typ des Melders ab. Ein hochempfindlicher Präsenzmelder hat eine große Anzahl von Waben und enthält mehrere Tausend Schaltzonen. Jede Zonengrenze von einem Längsfeld oder einer Wabe bildet einen Schaltpunkt, da der Sensor beim Durchschreiten dieser Grenze eine Temperaturänderung erfährt und infolgedessen ein Signal abgibt.
Unterschiedliche Empfindlichkeiten	Ein Bewegungsmelder im Privatbereich, der im WC oder Korridor das Licht automatisch schaltet, benötigt eine wesentlich kleinere Empfindlichkeit als ein Präsenzmelder in einem Großraumbüro, der kleinste Bewegungen von sitzenden Personen wahrnehmen muss.
Produkte mit Spiegelsystemen	Die meisten Präsenz- und Bewegungsmelder arbeiten mit Segment- oder Wabenlinsen. Es gibt aber auch Produkte, die mit Spiegelsystemen arbeiten. Bei Letzteren trifft die Wärmestrahlung durch eine glatte Kunststofffolie auf die metallisierte Kunststoffwand im Sensor, die so aufgebaut ist, dass jeder Wärmestrahl auf den pyroelektrischen Kristall trifft und so ein Signal auslöst.

Praktischer Aufbau und Funktion von Präsenz- und Bewegungsmeldern

Da die PIR-Sensoren die Infrarotstrahlung erfassen, sind sie die Basis für Präsenz- und Bewegungsmelder.

Die folgende Abbildung zeigt einen modernen Bewegungsmelder im offenen Zustand.

Bewegungsmelder im offenen Zustand

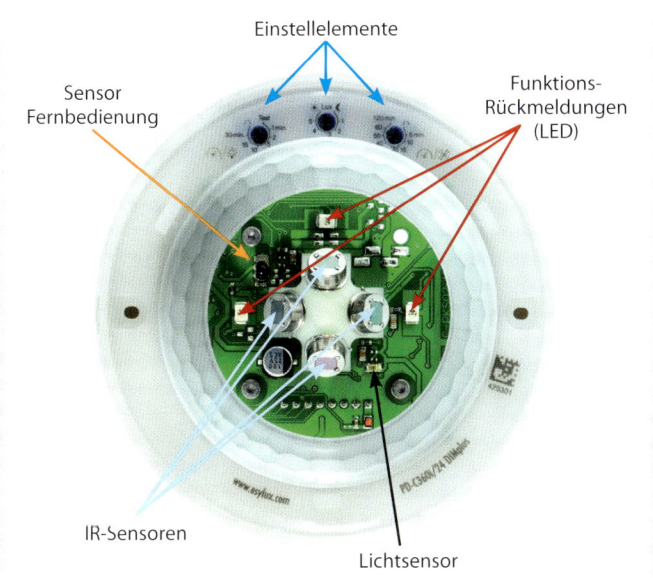

Abb. 20: *Blick durch eine aufgeschnittene Wabenlinse auf die Elektronik eines Präsenzmelders mit 360° Erfassungsbereich*

Deutlich sind die Bewegungssensoren mit den pyroelektrischen Kristallen zu erkennen. Der Lichtsensor zur Erfassung der Umgebungshelligkeit ist ebenfalls zu sehen.

Bewegungssensoren

Der Mikrocontroller (im Bild nicht sichtbar) verarbeitet die Signale und steuert die Relais an sowie gleichzeitig auch die „blue mode"-LEDs, sofern diese vorhanden sind.

Mikrocontroller

blue mode

Es gibt mehrere Verfahren zur Inbetriebnahme. Sie lassen sich dadurch unterscheiden, ob sie schaltlastbehaftet oder aber schaltlastfrei sind. Ein solches schaltlastfreies Verfahren ist das von ESYLUX entwickelte „blue mode"-Verfahren.

Die „blue mode"-Technologie ermöglicht die verzögerungsfreie Parametrierung des Präsenz- und Bewegungsmelders, ohne dass die angeschlossenen Leuchten als Quittierung einer getätigten Einstellung ein- und ausschalten. Die Leuchtmittel werden durch diese Technik entsprechend geschont. Die blaue LED signalisiert dem Bediener dabei, dass sich der Melder im Programierungsmodus befindet.

Erfassung durch einen Sensor reicht

Der im Schnittbild gezeigte Melder verfügt – für maximale Empfindlichkeit – über 4 pyroelektrische Sensoren, die alle parallel arbeiten. Es genügt also, wenn einer der Sensoren Bewegung erfasst.

Lichtsensor

Der ebenfalls markierte Lichtsensor sorgt dafür, dass nur bei Unterschreitung einer voreingestellten Umgebungshelligkeit – exakt gesagt: der Leuchtdichte (s. S. 91) – das Licht einschaltet.

Prinzip eines Bewegungsmelders

Die folgende Abbildung zeigt das Prinzipschaltbild eines Bewegungsmelders (BM):

- Die Bewegung wird über die pyroelektrischen Kristalle erfasst.
- Das Signal geht dann weiter zum Vorverstärker.
- Dieses verstärkte Signal geht zum Mikrocontroller.

Parallel dazu wird über einen Lichtsensor die mittlere Leuchtdichte im Messbereich erfasst. Mit zwei Einstellpotentiometern kann die Ansprechschwelle für die Helligkeit und die Nachlaufzeit vorgegeben werden.

Die Infrarotschnittstelle für die Fernsteuerung arbeitet über eine spezielle Infrarot-Fotozelle.

Infrarotschnittstelle

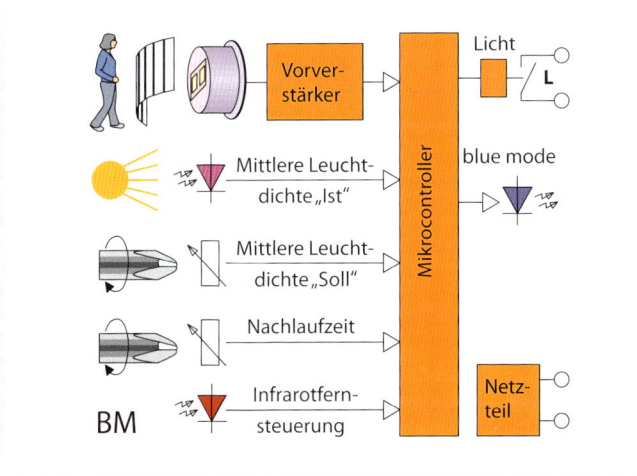

Abb. 21: *Blockschaltbild eines Bewegungsmelders*

Der Mikrocontroller steuert das Relais an, das für die Einschaltung des Lichts sorgt.

Mikrocontroller

Das Netzteil eines guten PIR-Sensors zeichnet sich dadurch aus, dass es einerseits resistent gegen Überspannungen ist und andererseits mit geringem Eigenverbrauch arbeitet. Modernste Melder haben einen Eigenverbrauch von unter 0,3 W bei ausgeschaltetem Relais. Der Eigenverbrauch lässt sich durch einen Mehraufwand beim Netzteil und den Einsatz eines bipolaren Relais nochmals reduzieren. Dies wird bei hochwertigen Präsenz- und Bewegungsmeldern bereits berücksichtigt.

Netzteil

Funktionsprinzip eines Bewegungsmelders

Die folgende Abbildung zeigt das Funktionsprinzip eines Bewegungsmelders mit Bausteinen aus der Analog- und Digitaltechnik.

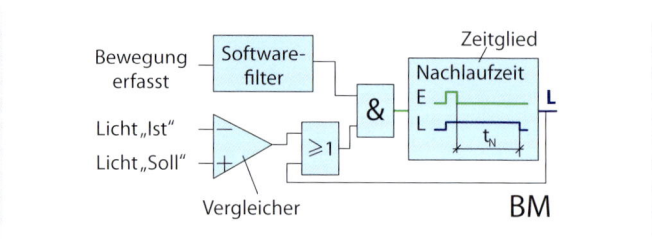

Abb. 22: *Funktion eines Bewegungsmelders*

ODER und UND

Wird eine Bewegung erfasst, wird weiter geprüft, ob die Beleuchtungsstärke den Sollwert unterschritten hat. Ist dies der Fall, kommt vom Vergleicher eine „1" auf das ODER. Der untere Eingang des ODER ist „0", weil der Ausgang ja ausgeschaltet ist. Ist also Bewegung da *und* die Helligkeit unterschritten, wird die UND-Funktion erfüllt.

Ausgang „L" schaltet ein

Das Signal des UND kommt auf das Zeitglied mit der Nachlaufzeit. Der Ausgang „L" schaltet ein und bleibt so lange eingeschaltet, wie als Nachlaufzeit t_N eingestellt wurde.

Nachlaufzeit

Ist die Nachlaufzeit aktiv, kommt auf das ODER vom Ausgang her eine „1" und damit auch eine „1" auf das UND. Die Helligkeit spielt jetzt also keine Rolle mehr. Die Nachlaufzeit wird allein durch eine erneute Bewegung jederzeit wieder gestartet. Wenn innerhalb der Nachlaufzeit die Umgebungshelligkeit den eingestellten Minimalwert überschreitet, leuchtet das Licht trotzdem weiter, solange Bewegung erfasst wird. Erst wenn die Nachlaufzeit einmal abgelaufen ist und der Ausgang ausschaltet, wird die UND-Funktion erst wieder erfüllt, wenn Bewegung da ist *und* die Umgebungshelligkeit den Sollwert unterschritten hat.

Die nächste Abbildung zeigt das Prinzipschaltbild eines Präsenzmelders (PM). Dieser kann von der Hardware her – je nach Funktionalität – komplexer ausfallen als ein Bewegungsmelder.

Prinzip eines Präsenzmelders

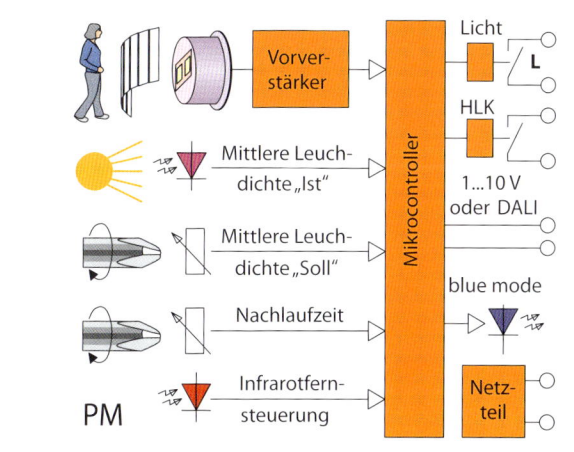

Abb. 23: *Blockschaltbild eines Präsenzmelders*

Im Gegensatz zum Bewegungsmelder ist beim Präsenzmelder die Lichtmessung ständig aktiv. Überschreitet die Umgebungshelligkeit den vorgegebenen Sollwert, so schaltet das Licht aus, auch wenn noch Bewegungen erfasst werden.

Lichtmessung ist ständig aktiv

Der Präsenzmelder kann auch über eine ▸Konstantlichtregelung verfügen (s. S. 91f.). In diesem Fall steuert er über eine 1...10-V-Schnittstelle oder die digitale Schnittstelle ▸DALI (Digital Addressable Lighting Interface) Vorschaltgeräte von Leuchtstoff- oder LED-Leuchten an. DALI verwendet ein serielles, asynchrones Datenprotokoll mit einer Übertragungsrate von 1.200 Bit/s bei einem Spannungsniveau von 16 V. DALI kommt vor allem bei großen Lichtanlagen in Zweckbauten zum Einsatz. Mit der digitalen Schnittstelle lassen sich nebst der Übertragung des „Helligkeits-

Konstantlichtregelung

werts" auch andere Daten übertragen, etwa Anweisungen im Falle eines Stromausfalls, oder die Leuchte meldet an eine Zentrale, wenn das Leuchtmittel ausgefallen ist.

HLK-Kanal Ein Präsenzmelder kann auch über mehrere Relaisausgänge verfügen. Ein separater ▸HLK-Kanal (HLK = Heizen, Lüften, Kühlen) steuert zum Beispiel die Heizung, Lüftung oder Klimaanlage an. Im Gegensatz zum Lichtrelais wird dieses HLK-Relais nur von der Bewegung geschaltet. Das bedeutet: Nur wenn sich im Raum eine Person aufhält, ist die Klimaanlage in Betrieb oder die Heizung wird aus dem abgesenkten Zustand auf Normalbetrieb umgeschaltet. Diese Funktionen sind natürlich unabhängig von der „Helligkeit" im Raum, deshalb ist auch ein separater Relaisausgang notwendig, der nur präsenzabhängig ist.

Funktionsprinzip eines Präsenzmelders Das nächste Funktions-Blockschaltbild zeigt die Arbeitsweise eines Präsenzmelders.

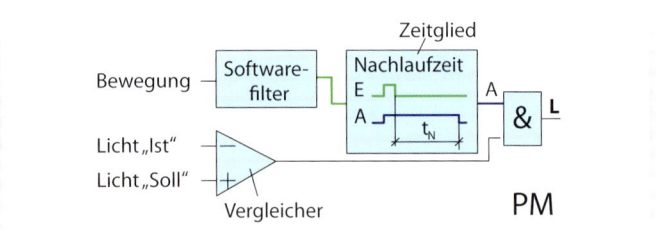

Abb. 24: Funktion eines Präsenzmelders

Prüfung der Umgebungshelligkeit Jede erfasste Bewegung aktiviert das Zeitglied und startet damit die Nachlaufzeit. Das Signal vom Vergleicher prüft jedoch, ob die Umgebungshelligkeit den vorgegebenen Sollwert unterschritten hat. Nur in diesem Fall liefert das UND am Ausgang des Zeitglieds eine „1". Das Relais fürs Licht ist immer ausgeschaltet, wenn die Umgebungshelligkeit den vorgegebenen Sollwert überschreitet.

Stichwort „Vernetzung"

Sobald in einem Objekt verschiedene Gewerke übergreifend vernetzt werden, lässt sich das mit konventioneller Technik nur sehr aufwendig erreichen. In solchen Fällen kommen in der Gebäudetechnik Bussysteme zum Einsatz.

Bussysteme

Die Vernetzung von PC-Systemen untereinander und mit dem Internet über die TCP-IP-Schnittstelle ist heute Standard. TCP-IP würde zwar zur Vernetzung von Schaltern/ Tastern, Präsenz- und Bewegungsmeldern und Aktoren, die Leuchten schalten und dimmen oder Jalousien bedienen, auch funktionieren. Diese Technologie hat sich allerdings am Markt für Sensoren und Aktoren der Gebäudeautomatisierung noch nicht durchgesetzt. Daher kommen hier Vernetzungstechniken zum Einsatz, die von der Hardware einfacher aufgebaut und von der Software weniger komplex zu handhaben sind. Zu diesen Vernetzungstechniken gehören zum Beispiel die standardisierten Bussysteme wie KNX und LON. Es handelt sich dabei in beiden Fällen um Feldbusse für die Vernetzung der verschiedensten Gewerke wie Licht, HLK, Jalousien, Zutrittskontrolle etc.

TCP-IP-Schnittstelle, KNX und LON

KNX und LON

Hinter dem KNX-Bus steht die KNX-Association, eine privatrechtliche Gesellschaft nach belgischem Recht, bei der über hundert Hersteller aus allen Bereichen der Gebäudeautomatisierung Produkte mit diesem offenen Standard anbieten. KNX-Sensoren und -Aktoren werden über eine Zweiaderleitung vernetzt, versorgen sich über diese zwei Adern mit Energie und übertragen auch gleich die Daten über dieselbe Leitung.

LON (Lokal Operating Network) ist ein Standard, der von der Technik her einen anderen Weg als KNX verfolgt, aber ebenfalls dem Zweck der Vernetzung dient.

Prinzip eines KNX- oder LON-Präsenzmelders

Die nächste Abbildung zeigt das Prinzipschaltbild eines KNX- oder LON-Präsenzmelders.

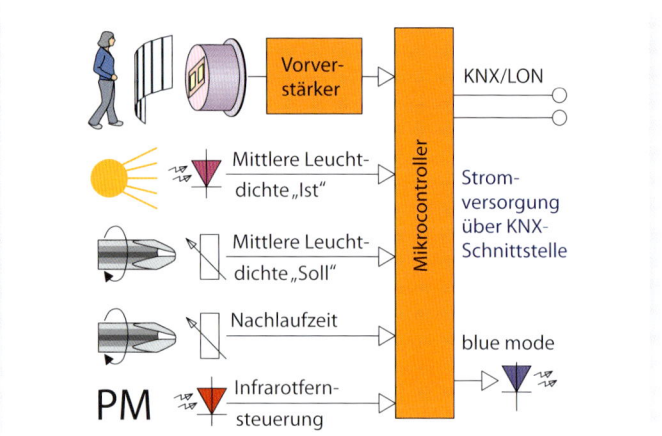

Abb. 25: Blockschaltbild eines Präsenzmelders mit KNX-Busschnittstelle

Das Gerät verfügt über keine 230-V-Stromversorgung. KNX-Präsenzmelder versorgen sich, wie oben angedeutet, über die KNX-Schnittstelle.

Kein Aktor

Ein KNX-Präsenzmelder hat auch keine Relaisausgänge, denn er ist ein reiner Sensor. Der Aktor, also der Teil, der etwas schaltet oder dimmt, ist entweder in einer Verteilung oder in der Nähe des Verbrauchers montiert.

2.4 Hochfrequenz(HF)-Sensoren im Speziellen

In diesem Teilkapitel werden die Hochfrequenz-Sensoren und die darauf basierenden Hochfrequenz-Melder näher beschrieben.

Physikalische Grundlagen der HF-Sensoren

HF-Sensoren arbeiten mit einer Frequenz von 5,8...24,125 GHz, was einer Wellenlänge von 51,7...12,4 mm entspricht.

Frequenz und Wellenlänge von HF-Meldern

Zur Erinnerung: PIR-Sensoren arbeiten bei 10 μm Wellenlänge, was mehr als Tausend Mal weniger ist. Der Wellenlängenunterschied führt zu völlig anderen Eigenschaften der elektromagnetischen Schwingung:

Andere Eigenschaften

- So werden Infrarotstrahlen im Bereich von 10 μm bereits durch Glas gestoppt und durch andere Stoffe wie Holz, Steine etc. sowieso.
- Hochfrequenzwellen hingegen durchdringen Glas, Holz und Kunststoffe je nach Dicke mit geringer Dämpfung; Backsteine dämpfen mehr, Beton je nach Wandstärke und Eisengehalt noch mehr.

Im Gegensatz zu PIR-Meldern sind HF-Melder aktive Melder. Sie senden Hochfrequenzwellen kleiner Leistung und werten das Echosignal aus. Wir führen dies unten genauer aus.

Aktive Melder

Die CEPT (European Conference of Postal and Telecommunications Administrations) hat in ihrer Vorschrift ERC.REC 70-03 in Annex 6 festgelegt, welche Frequenzen in Europa für HF-Bewegungsmelder erlaubt sind:

Erlaubte Frequenzbereiche

- Band A: 2,4 bis 2,4835 GHz
- Band B: 9,2 bis 9,5 GHz
- Band C: 9,5 bis 9,975 GHz
- Band D: 10,5 bis 10,6 GHz
- Band E: 13,4 bis 14,0 GHz
- Band F: 24,05 bis 24,125 GHz

Die ersten HF-Sensoren kamen Anfang der 1970er-Jahre in England zur automatischen Ansteuerung von Toranlagen auf den Markt.

Spezifische Eigenschaften Ob PIR oder HF – beide Techniken haben ihre spezifischen Eigenschaften und damit verbunden jeweils Vor- und Nachteile:

- Hochfrequenzwellen werden von Metallen vollständig reflektiert und von stark wasserhaltigen Stoffen (beispielsweise Menschen) mit gutem Wirkungsgrad reflektiert, aber auch absorbiert. Nebenbei bemerkt: Der Mikrowellenofen nutzt die Tatsache der Absorption aus.
- PIR-Sensoren werden in ihrer Detektion durch staubige Luft, Rauch und nasse Umgebung beeinträchtigt. HF-Sensoren sind davon unbeeinflusst.
- HF-Sensoren sind außerdem unbeeinflusst von der Temperatur des Objekts und des Hintergrundes. Auch die Farbe des Objekts spielt keine Rolle.
- Wegen der sehr hohen Frequenz sind kleinste Antennen mit einer Fläche von wenigen Quadratzentimetern möglich. PIR-Sensoren brauchen dagegen gar keine Antenne.

Je höher die Frequenz, desto lichtähnlicher Je höher die Frequenz eines HF-Sensors ist, desto lichtähnlicher verhalten sich die Hochfrequenzwellen: Während 5,8-GHz-Wellen Back-, Zementsteine und Beton noch recht gut durchdringen, ist dies bei 24,125 GHz viel weniger der Fall.

Weniger Gefahr unerwünschter Erfassung Bei Hochfrequenzmeldern, die mit 24,125 GHz arbeiten, ist die Abstrahlung auch wesentlich gerichteter als bei 5,8-GHz-Sensoren. So ist die Gefahr viel geringer, dass gehende Personen in Nebenräumen unerwünscht durch Wände und Decken erfasst werden.

HF-Sensoren basieren auf drei verschiedenen Messprinzipien: **Drei Messprinzipien**

1. Es lässt sich der Dopplereffekt nutzen.
2. Es kann die Echolaufzeit erfasst werden.
3. Es wird das Prinzip der linearen Frequenzmodulation (FMCW) angewendet.

Bei allen HF-Sensoren zur Erfassung bewegter Personen kommt der Dopplereffekt zum Einsatz.

Der Dopplereffekt

Der österreichische Physiker Christian Doppler konnte 1842 erklären, weshalb die Tonlage des Pfeiftons eines herannahenden Zuges höher ist, als wenn sich der Zug vom Hörer entfernt (siehe Abbildung). Der Zugführer auf dem fahrenden Zug hört hingegen immer den gleichen Pfeifton.

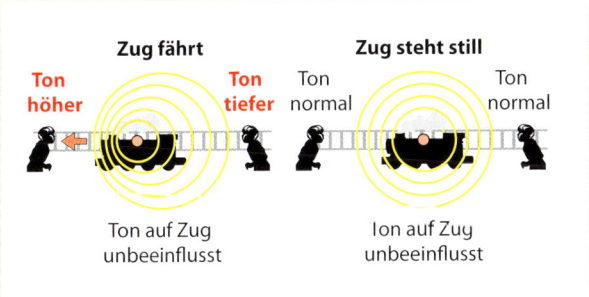

Abb. 26: Der Dopplereffekt: Die Wellenlänge der Schallfront verkürzt sich mit der Geschwindigkeit des Zuges beim Hörer ganz links; die Tonlage steigt damit an

Praktisch bestätigt wurde der Dopplereffekt durch den niederländischer Wissenschaftler Christoph Heinrich Dietrich Buys-Ballot.

Zum Hintergrund: Schallwellen breiten sich mit zirka 330 m/s aus. Kommt nun die Schallwelle des bewegten Zuges auf einen

Hörer zu, erhöhen sich die Frequenz und damit die Tonlage, weil sich die Wellenlänge durch die Fahrt der Schallwelle in Richtung der Bewegung komprimiert, in Gegenrichtung hingegen ausdehnt.

Die Höhe der Frequenzverschiebung ist direkt proportional zur relativen Geschwindigkeit der sich bewegenden Schallquelle. Somit spielt es keine Rolle, ob sich die Quelle bewegt und das Objekt steht oder umgekehrt.

Im Falle des HF-Sensors steht natürlich die Quelle fest und das Objekt bewegt sich. Der einzige Unterschied vom Zugeffekt zum HF-Sensor besteht darin, dass sich Hochfrequenzwellen mit Lichtgeschwindigkeit (300.000 km/s) ausbreiten, im Gegensatz zu Schallwellen, die sich nur mit 330 m/s ausbreiten.

Ein stillstehendes Objekt erzeugt keinen Dopplereffekt. Folglich kann ein nach dem Dopplereffekt arbeitender HF-Sensor nur bewegte Objekte erfassen.

Prinzip des HF-Sensors   Die folgende Abbildung zeigt das Prinzip des HF-Sensors.

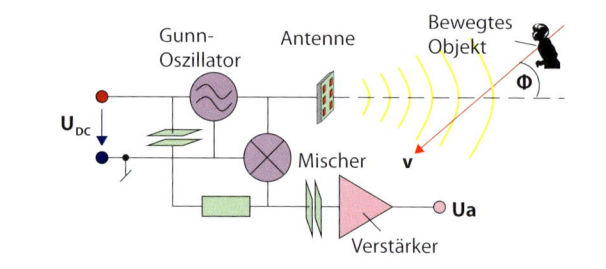

Abb. 27: *Prinzip des HF-Sensors nach dem Dopplereffekt*

Ein Oszillator erzeugt die sehr hohe Frequenz von 5,8...24,125 GHz und diese wird durch die Antenne abgestrahlt. Trifft die Hochfrequenzwellenfront auf ein Objekt, wird diese teilweise reflektiert und zum HF-Sensor zurückgeworfen.

Abstrahlung und Reflexion

Sowohl die gesendete Frequenz als auch die empfangene Frequenz führen auf einen Mischer und werden miteinander multipliziert. Aus dem Mischer heraus kommt die Dopplerfrequenz. Werden zwei Sinusgrößen unterschiedlicher Frequenz miteinander multipliziert, ergibt sich unter anderem als Resultat die Differenz der beiden Frequenzen.

Multiplikation der Frequenzen

Die folgende Abbildung zeigt den Zusammenhang zwischen der Frequenz und Objektbewegung, sofern sich das Objekt in der Sendeachse zum HF-Sensor bewegt.

Frequenz und Objektbewegung

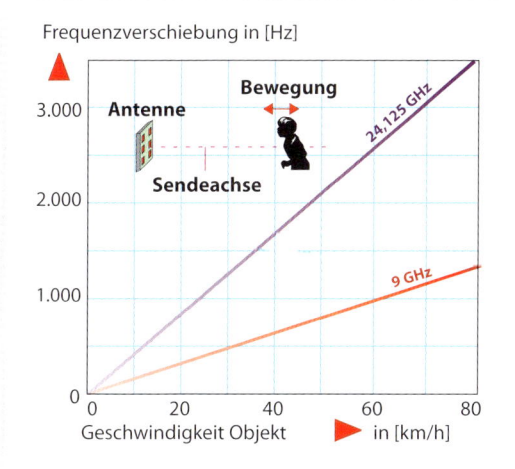

Abb. 28: *Frequenzverschiebung in Funktion der Objektgeschwindigkeit in der Sendeachse*

Die Dopplerfrequenz, die der Mischer liefert, beträgt im Extremfall nur Bruchteile von Millivolt. Das ist natürlich der

Bruchteile von Millivolt

Fall, wenn sich das zu erfassende Objekt weit weg vom Sensor bewegt. Die Herausforderung bei der Entwicklung eines Sensors besteht darin, dieses winzige Signal so aufzubereiten, dass die gewünschte Information – bewegtes Objekt im Erfassungsbereich – noch sicher ausgewertet werden kann.

Signal herausfiltern und weiterverarbeiten

Menschen, die normal in einem Korridor gehen, bewegen sich mit rund 1...5 km/h, das sind rund 0,28...1,4 m/s. Wenn ein HF-Sensor mit 24,125 GHz zum Einsatz kommt, führt diese Bewegung zu einer Dopplerfrequenz von 45...220 Hz. Grundsätzlich lässt sich diese Frequenz aus dem stark verrauschten Signal des Mischers herausfiltern und dann weiterverarbeiten.

Bewegung quer zur Sendeachse

Erfolgt eine Bewegung quer zur Sendeachse, reduziert sich die wirksame Geschwindigkeit für die Frequenzverschiebung mit dem Kosinus der Bewegungsachse des Objekts zur Sendeachse. Ganz exakt stimmt dies allerdings nicht. Zu berücksichtigen ist noch, dass die Wellenfront gekrümmt ist. Streng genommen entsteht nur dann keine Differenzfrequenz, wenn eine Bewegung des Objekts exakt in der Krümmung der Wellenfront erfolgt.

Abstrahlung und Empfang der Hochfrequenzwellen

Bei den handelsüblichen HF-Sensoren wird mit einer abgestrahlten Hochfrequenzwellen-Leistung von 31...39 mW (EIRP equivalent isotropically radiated power) gearbeitet.

Vergleich: Sendeleistung eines Mobiltelefons

Zum Vergleich: Ein Mobiltelefon arbeitet im Bereich von 2 GHz mit einer Sendeleistung von bis zu 2 W. Sie ist also rund 50-mal stärker, wobei das Mobiltelefon direkt am Kopf liegt, während der HF-Sensor, selbst wenn die Person ganz nahe ist, mindestens 50 Zentimeter davon entfernt ist.

Isotropischer Strahler

Um die Funktionsweise des HF-Sensors zu verstehen, sind einige weitere physikalische Hintergründe aufzuzeigen. Haben wir eine sendende Hochfrequenzquelle, die mit einer bestimmten Leistung kugelförmig Hochfrequenzwellen abstrahlt, spricht man von einem isotropischen Strahler. Die Leistungsdichte, die wir in einer bestimmten Distanz zum Strahler noch feststellen können, nimmt dabei quadratisch mit der Distanz ab.

In der Praxis werden für HF-Sensoren natürlich keine Kugelstrahler verwendet, sondern solche, bei denen die strahlende Fläche und der Abstrahlwinkel gezielt verkleinert werden, um das vorhandene Signal in die gewünschte Richtung zu bringen. Dadurch entsteht eine scheinbare Verstärkung des Signals; man spricht von Antennengewinn.

Antennengewinn

Der recht komplexe Sachverhalt lässt sich am besten mit einer Grafik aufzeigen.

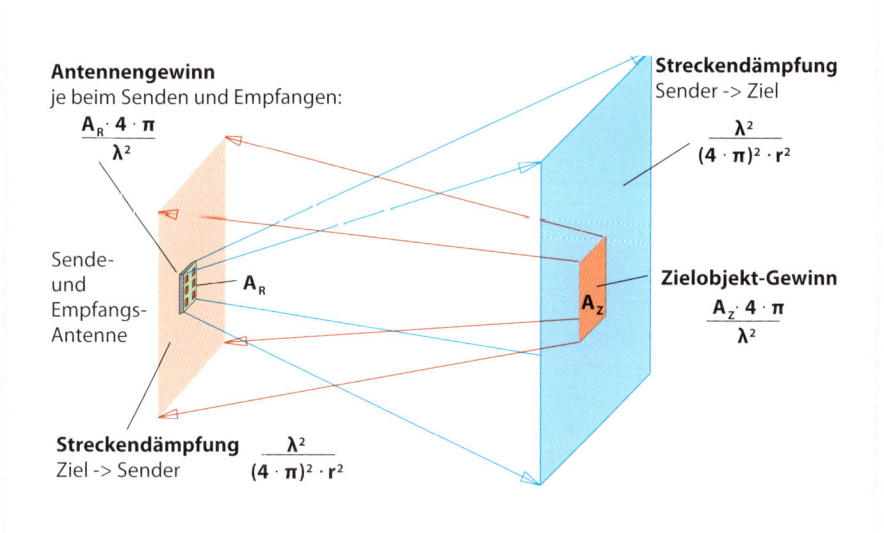

Abb. 29: *Verhältnisse bei einem HF-Sensor: Antennengewinn, Strecken-dämpfung und Zielobjekt-Gewinn*

Zur Erklärung:

Strahlung durch die Antenne
- Die Sendeantenne strahlt mit einer bestimmten Leistung Hochfrequenzwellen aus. Bei älteren HF-Sensoren kamen Hornantennen zum Einsatz. Heute besteht die Antenne aus bestimmten Kupferflächen direkt auf einer gedruckten Schaltung (Print). Bei Produkten mit 9 GHz kann es auch ein kurzer Draht sein.

Strahlkegel
- Die Sendeantenne strahlt in einem Kegel mit bestimmter Öffnung (z. B. 90° in der waagerechten Ebene und 38° in der senkrechten Ebene).

Zielgewinn
- Das Zielobjekt hat eine bestimmte wirksame Fläche für das Reflektieren der Hochfrequenzwellen zurück zum Sender. Je größer diese Fläche, desto größer ist der sogenannte Zielgewinn (Höhe des Empfangssignals).

Aufnahme der Reflexion
- Die vom Zielobjekt reflektierten Hochfrequenzwellen in Senderrichtung erfahren wiederum eine Dämpfung, weil ja nur ein Bruchteil des reflektierten Kegels von der Antenne aufgenommen wird.

Empfängerantenne
- Die gleiche Antenne, die als Sender wirkt, dient auch als Empfänger, deshalb ist nochmals die gleiche Formel anzutreffen wie beim Senden.

Totale Dämpfung
Alle diese einzelnen Gewinne bzw. Dämpfungen müssen miteinander multipliziert werden. Es resultiert für die totale Dämpfung α_{tot}:

$$\alpha_{tot} = \frac{A_R^{\,2} \cdot A_Z}{\lambda^2 \cdot 4 \cdot \pi \cdot r^4}$$

λ = c/f in m (f = Sendefrequenz)
A_R = Wirksame Fläche der Antennen-Austrittsöffnung in m^2
A_Z = Wirksame Zielobjektfläche in m^2
r = Zielobjektabstand von der Antenne in m

Der Zielobjektgewinn
Der sogenannte Zielobjektgewinn A_Z ist proportional zur wirksamen Zielobjektfläche.

Der Erfassungsbereich ist einerseits eine Funktion der reflektierten Energie des Zielobjekts und andererseits des minimal notwendigen Signals vom Mischer, das noch sicher ausgewertet werden kann. Eine erwachsene Person hat zwar eine reflektierende Fläche von knapp einem Quadratmeter, wirksam sind aber nur rund 12 Prozent hiervon, weil der Mensch natürlich eine stark streuende Fläche ist. Die Dämpfung des Hochfrequenzwellensignals ist schon nach kurzen Strecken hoch.

Hohe Dämpfung schon nach kurzen Strecken

Wie die nächste Abildung zeigt, kann man bereits nach 20 Metern Distanz mit 100 dB Dämpfung rechnen. Dies bedeutet, dass vom ausgesendeten Signal noch ein Hunderttausendstel zu erwarten ist.

Beispiel: 100 dB nach 20 Metern

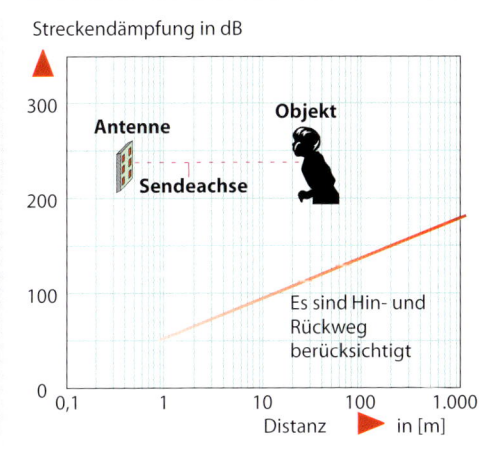

Abb. 30: Dämpfungen des Hochfrequenzwellensignals in Abhängigkeit der Distanz

Grenzen traditionell gebauter HF-Melder und Möglichkeiten, sie zu umgehen

Grenzen traditioneller HF-Sensoren

HF-Sensoren traditioneller Bauart mit Drahtantenne, die mit 5,8 GHz arbeiten, weisen diverse Grenzen auf. Einerseits strahlen sie die Hochfrequenzwellen in einem zu großen Winkel aus. Weil Hochfrequenzwellen auch Holz- und Backsteinwände durchdringen, werden dann mitunter laufende Personen in Nebenräumen erfasst.

Ungewolltes Schalten

Selbst Beton wird durchdrungen, allerdings ist hier die Dämpfung der Hochfrequenzwellen deutlich größer als bei Backsteinwänden. Aber auch hier trifft es heute oft zu, dass laufende Personen in einem anderen Stockwerk erfasst werden und es damit zu ungewolltem Schalten kommt. Viele HF-Sensoren haben oft auch eine geringe unerwünschte rückseitige Empfindlichkeit.

Störquellen

Es gibt weitere Störquellen, die einen Dopplereffekt erzeugen: Motoren, Ventilatoren, vibrierende Böden und Wände, Lautsprecherboxen oder sogar bewegte Vorhänge. Im Außenbereich gilt dasselbe für herumwirbelndes Laub oder starkes Hagelwetter.

Um unerwünschte Schaltungen zu vermeiden, kommen zwei Techniken zur Anwendung:

Abstrahlwinkel klein halten

- Der Abstrahlwinkel des HF-Sensors wird möglichst klein gehalten; damit strahlt der Sensor seine Hochfrequenzwellen erst in größerer Distanz in einen Nebenraum. Weil die Hochfrequenzwellen in sehr flachem Winkel und erst in größerer Distanz durch eine Wand strahlen, ist die Dämpfung so groß, dass eine bewegte Person im Nebenraum nicht zu unerwünschten Schalten führt. Wie weiter oben gezeigt, führt der verkleinerte Abstrahlwinkel der Hochfrequenzwellen auch zu einer höheren Empfindlichkeit des Systems – und damit sind Personen in noch größerer Distanz erfassbar.

- Über Software wird das reflektierte Signal entsprechend ausgewertet. Eine sich bewegende Katze, Motoren, Ventilatoren, vibrierende Böden und Wände, Lautsprecherboxen, bewegte Vorhänge oder herumwirbelndes Laub und Hagelwetter führen zu einem anderen Empfangssignal, als dies bei einer bewegten Person im gewünschten Erfassungsbereich der Fall ist. Die nicht durch menschliche Bewegung hervorgerufenen Signale lassen sich durch die Software filtern.

Per Software filtern

Es ist das Ziel, HF-Sensoren zu konstruieren, die bisherige Mängel von Produkten mit 5,8 GHz nicht aufweisen und in speziellen Fällen PIR-Sensoren ersetzen können, wenn deren Einsatz nicht optimal ist. Hochpräzise HF-Sensoren nutzen dabei das K-Band mit 24,125 GHz aus.

2.5 Entscheidungskriterien für die Wahl von PIR- oder HF-Sensoren

Während Melder auf Infrarotbasis (PIR) die am häufigsten angewandte Technik darstellen, spielen HF-Melder ihre Stärke bei speziellen Aufgabenstellungen aus – und zwar dann, wenn die Infrarottechnik aufgrund der Gegebenheiten nicht befriedigend funktionieren kann. Die jeweiligen Eigenschaften und Verhaltensweisen sind in der folgenden Gegenüberstellung aufgeführt.

PIR- und HF-Melder in der Praxis

Wenn in der Tabelle von „eingeschränkt" die Rede ist, heißt das nicht, dass der betreffende Sensor völlig ungeeignet ist. Es bedeutet nur, dass der Sensor für eine bestimmte Anwendung nicht eingesetzt werden sollte. Beispielsweise haben PIR-Sensoren in extrem staubiger Umgebung ihre Grenzen, doch sind solche Fälle sehr selten. In solch extremen Umgebungssituationen (staubig, nass, Hitze) können HF-Melder eingesetzt werden.

Grenzen unter extremen Bedingungen

Kriterium	Passiv-Infrarot-Melder	Hochfrequenz-Melder
Wellenlänge/Frequenz	10 µm	12,4 mm, 24 GHz
Aktiv?	Nein, empfängt nur Wellen	Ja, Abstrahlleistung 0,039 Watt
Ausbreitung Welle	Rein passiv, vom Objekt 300.000 km/s (Lichtgeschwindigkeit)	300.000 km/s
Durchdringt	Luft, aber z. B. kein Glas	Luft, Glas, Karton, Plastik, Keramik, Holz
Strahlen behindert durch	Fast alles, nur bestimmte Kunststoffe nicht	Metallene Teile, teilweise durch wasserhaltige Stoffe
Hohe oder tiefe Umgebungstemperaturen, verglichen mit menschlicher Körpertemperatur (Objekt)	Braucht mindestens 2 Kelvin Unterschied von Objekt zu Umgebung. Möglichst große strahlende Fläche. Sowohl heiße wie kalte Umgebung kann problematisch sein	Unbeeinflusst durch Umgebungs- und Objekttemperatur
Staubige Umgebung	Wenn die Linse mit Staub bedeckt wird, ist die Empfindlichkeit eingeschränkt	Nicht beeinflusst
Nasse Umgebung, Regen, Nebel	Je nach Stärke gibt es Empfindlichkeitseinbußen. Wasser auf der Linse schränkt die Empfindlichkeit ein	Kaum beeinflusst
Erfassungsbereich	Sehr groß, bis zu 360° auf Distanzen bis zu 30 m bei radialer Bewegung	Erfassungswinkel 37…90°, Distanzen bis 24 m bei axialer Annäherung
Unerwünschte Erfassung von gehenden Personen z. B. in Nebenräumen	Nein, gibt es bei PIR nicht, weil Wärmestrahlen durch Wände gestoppt werden	Ja, wenn Sendestrahl in naher Distanz vom Sender durch Mauer geht, ist Erfassung möglich. Dies vor allem bei Typen mit 5,8 GHz, viel weniger bei Typen mit 24,125 GHz

Kriterium	Passiv-Infrarot-Melder	Hochfrequenz-Melder
Eingrenzung Erfassungs- bereich	Sehr gut möglich	Kaum möglich
Unerwünschte Beeinflussung durch bewegte Objekte wie Motoren, Vorhänge, herumwirbelndes Laub, Lautsprechermembranen	Kaum Einfluss	Teilweise problematisch
Unerwünschte Beeinflussung durch Wärmequellen wie Laserprinter, Thermodrucker, Faxe, Lüftungsaustritte	Können unerwünschtes Schalten auslösen	Kein Einfluss
Unerwünschte Beeinflussung durch Glühlampen, Hoch- druckentladungslampen im Erfassungsbereich	Können zu unerwünschtem Schalten führen, wenn die Leuchtmittel nahe am Melder sind	Kein Einfluss
Montage	Freie Sicht nötig. Wärmestrah- len gehen durch 0,1...0,4 mm Polyäthylen	Unsichtbar möglich, beispiels- weise hinter abgehängter Decke

2.6 Fazit

Passiv-Infrarot-Melder werden immer dann angewendet, wenn die Wärmestrahlen von kleinsten Bewegungen (bei- spielsweise eine am PC arbeitende Person) aber auch große Bewegungen (gehende Person), im Innen- und Außenraum problemlos zu erfassen sind. Wenn die Passiv-Infrarot-Tech- nik aufgrund der Anwendungsumgebung an Grenzen stößt, ist der HF-Sensor in Erwägung zu ziehen.

Einsatz von PIR- und HF-Meldern

Zusammenfassend zeigt Tabelle 2 die Einsatzbereiche der beiden Meldertechniken.

PIR-Technik	HF-Technik

Bewegungsmelder

Für Räume mit geringem Tageslichtanteil, kurzzeitiger Nutzung und Erfassung von Gehbewegungen: Flure, Korridore, Gänge, Treppenhäuser, Kellerabgänge, Keller- und Lagerräume, Garagen. Im Außenbereich für die Haus- und Wegebeleuchtung.

Präsenzmelder

Für Räume mit Tageslicht und längerer Nutzung, sitzende Personen (Präsenz): Klassenzimmer, Büros, Besprechungs- und Tagungsräume, Krankenhäuser, Pflegeheime, Sporthallen, Fitnessräume, Lager- und Messehallen, Industrie- und Gewerbeanlagen, aber auch Gänge, Korridore etc., sofern diese über hohen Tageslichtanteil verfügen.

Der Sensor arbeitet rein passiv und erzeugt deshalb keinen „Elektrosmog". Diese Tatsache ist deshalb vorteilhaft, weil Präsenz- und Bewegungsmelder häufig in Räumen zum Einsatz gelangen, wo sich Personen dauerhaft aufhalten.

Sie kommen überall dort zum Einsatz, wo die PIR-Technik an Grenzen stößt:

1. Erfassung von warm eingekleideten Personen im Winter, wenn diese nur noch über das Gesicht Wärme abstrahlen

2. In südlichen Gebieten mit hohen Umgebungstemperaturen auch am Abend (für PIR-Melder gibt es kaum Temperaturdifferenzen zwischen Person und Umgebung)

3. Überall dort, wo Personen auf den Melder direkt zugehen, in diesem Fall hat der HF-Sensor eine größerere Empfindlichkeit

HF-Melder senden Hochfrequenzwellen aus, es entsteht damit geringer „Elektrosmog". Verglichen mit einem Mobiltelefon ist der Einfluss allerdings sehr klein. Weil der HF-Sensor hauptsächlich in Gängen, Korridoren und Fluren zum Einsatz gelangt, wo sich Personen nur kurz aufhalten, ist die Beeinflussung äußerst gering.

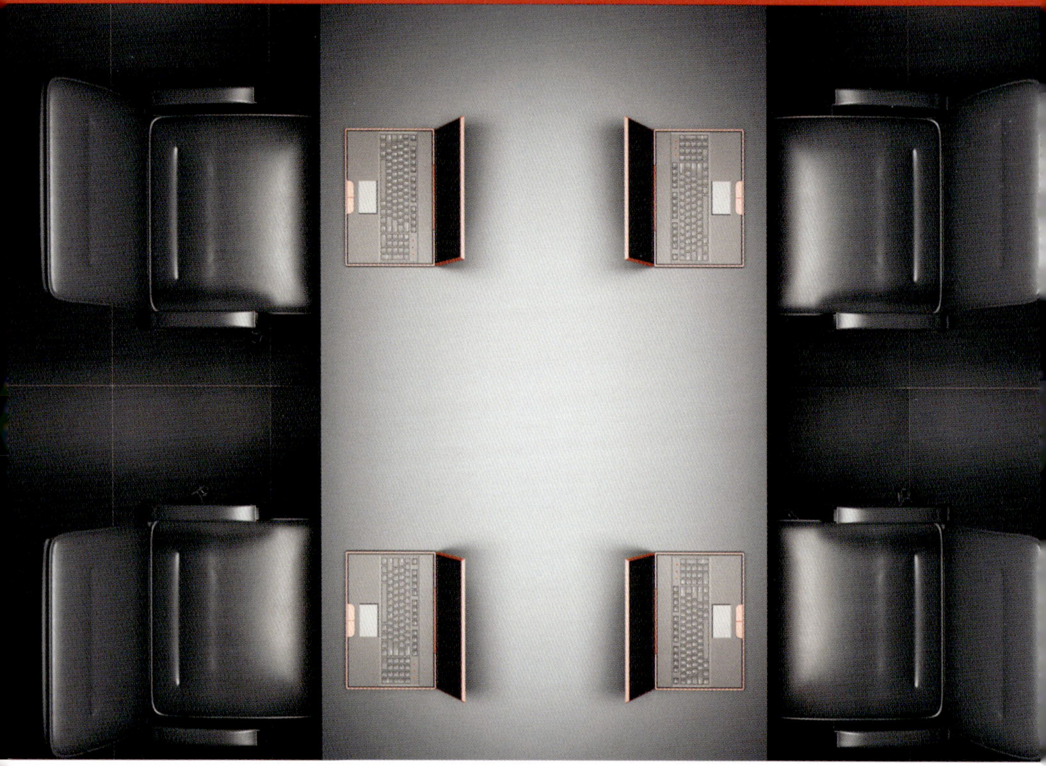

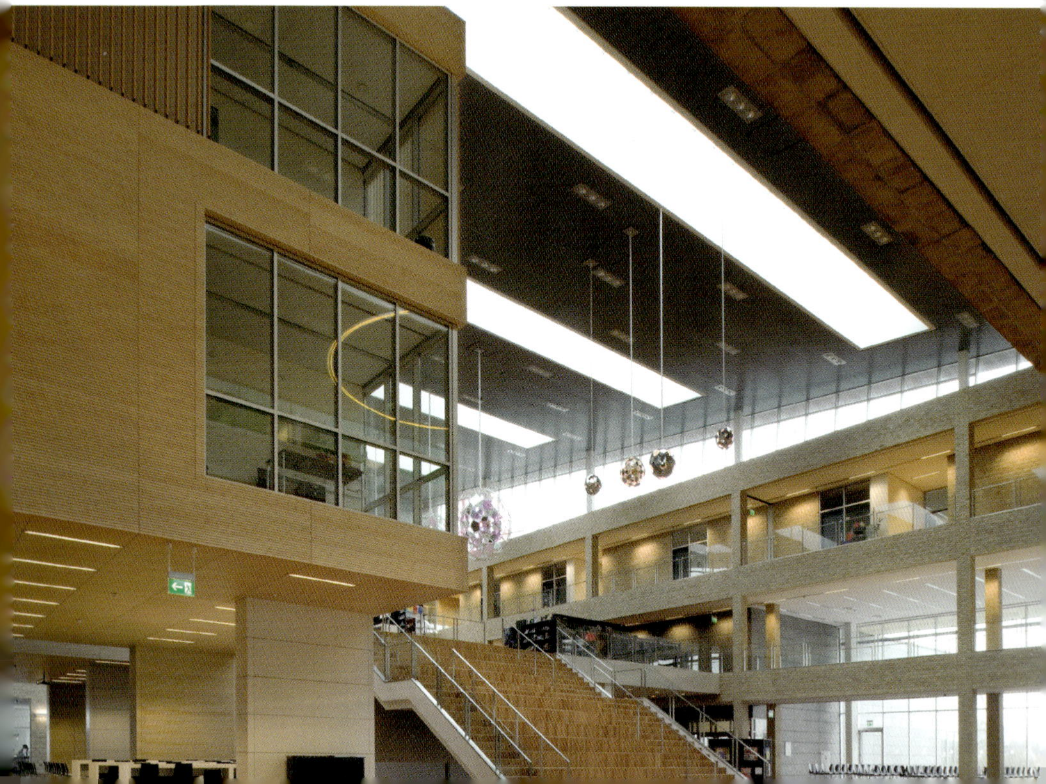

Kapitel 3

Grundlagen der Lichtmessung sowie des Schaltens, Steuerns und Regelns von Licht

Ob Präsenz- oder Bewegungsmelder – jedes Gerät verfügt über eine Lichtmessung. Im einfachsten Fall dient diese dazu, bei Unterschreiten eines einstellbaren Grenzwertes (Dunkelheit) die Lichteinschaltung freizugeben. Bei Präsenzmeldern kann die Lichtmessung erweitert sein: Das Kunstlicht kann dann so gedimmt werden, dass die Helligkeit am Arbeitsplatz stets gleich bleibt.

3.1 Begriffe der Lichttechnik

Festlegung der Begriffe In diesem Kapitel werden viele lichttechnische Fachbegriffe verwendet. Zur weiteren Verdeutlichung der Möglichkeiten und Merkmale der Lichtmessung werden im Folgenden die wesentlichen Begriffe festgelegt und erläutert.

Lichtstrom Φ

Lichtleistung, unabhängig von der Richtung Ein Leuchtmittel – beispielsweise eine Glühlampe, Leuchtstofflampe oder eine LED – wandelt anteilig elektrische Energie in Licht um. Der Lichtstrom Φ ist die gesamte Lichtleistung, die von einem Leuchtmittel unabhängig von der Richtung abgegeben wird. Die Einheit ist das Lumen [lm].

Lichtstrom Φ: Gesamte Lichtleistung in Lumen [lm], die die Lichtquelle abstrahlt

Abb. 31: Lichtstrom

Lichtausbeute

Lichtstrom pro Watt Die Lichtausbeute gibt an, wie viel Lichtstrom pro Watt zugeführter elektrischer Leistung, also lm/W, vom Leuchtmittel erzeugt wird.

Leuchtmittel verfügen bekanntermaßen über recht unterschiedliche Wirkungsgrade; die Lichtausbeute ist der Wirkungsgrad des Leuchtmittels.

LEDs stehen mit an der Spitze modernster Leuchtmittel. Dies gilt vor allem dann, wenn die Lichtabstrahlung nur in einer bestimmten Richtung zu erfolgen hat.

Beste Lichtausbeute bei LEDs

Alle anderen Leuchtmittel sind weniger effizient, weil das erzeugte Licht erst in die gewünschte Richtung gelenkt werden muss, etwa auf einen Tisch. Es kann allerdings erwünscht sein, dass ein Teil des Lichts auch indirekt über die Decke auf den Arbeitsplatz reflektiert wird, was man zum Beispiel mit Leuchtstofflampen in Büros oder Schulzimmern ausnutzt.

Lichtstärke I

Die Lichtstärke I ist der Teil des Lichtstroms, der in einer bestimmten Richtung (Raumwinkel) abgegeben wird.

Lichtstrom in einer bestimmten Richtung

Die Lichtstärke wird in Candela [cd] gemessen. Eine Lichtstärke von 1 cd liegt vor, wenn 1 Meter entfernt von einer kugelförmig abstrahlenden Lichtquelle die Beleuchtungsstärke 1 Lux gemessen wird.

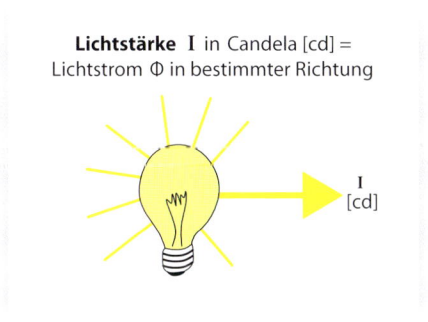

Abb. 32: *Lichtstärke*

Beleuchtungsstärke E = Lichtstromdichte

Intensität der Flächenbeleuchtung Der von einer Lichtquelle ausgehende Lichtstrom Φ beleuchtet die Fläche, auf die er auftrifft. Die Intensität, mit der die Flächen beleuchtet werden, wird als Beleuchtungsstärke bezeichnet.

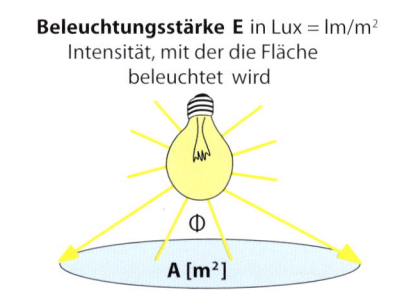

Abb. 33: *Beleuchtungsstärke*

Bestimmende Faktoren Die Beleuchtungsstärke hängt von der Größe des Lichtstroms und der Größe der Flächen ab.

Es gilt:

$$E = \frac{\Phi}{A} \quad [\text{lm/m}^2 = \text{Lux} = \text{lx}]$$

E = Beleuchtungsstärke in lx
Φ = Lichtstrom in lm
A = beleuchtete Fläche in m^2

Leuchtdichte L

Mit der Leuchtdichte wird angegeben, wie hell eine beleuchtete oder auch eine selbst leuchtende Fläche (zum Beispiel ein LCD-Bildschirm) empfunden wird.

Wahrgenommene Helligkeit

Die empfundene Helligkeit einer beleuchteten Fläche hängt dabei von der Beleuchtungsstärke und dem Reflexionsgrad der beleuchteten Fläche ab.

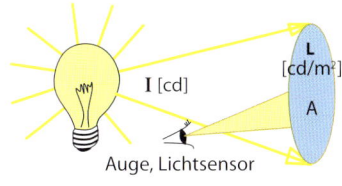

Leuchtdichte L in cd/m^2 =
Empfundene Helligkeit einer Fläche,
die das Licht reflektiert

Abb. 34: *Leuchtdichte*

Der Reflexionsgrad ist der von einer beleuchteten Fläche reflektierte Teil des auf sie fallenden Lichtstroms.

Typische Werte für den Reflexionsgrad sind:

Reflexionsgrade

- 90 Prozent: blank poliertes Silber
- 85 Prozent: Aluminium hochglänzend
- 80 Prozent: weißes Papier
- 20…30 Prozent: Holz
- < 5 Prozent: schwarzer Samt

Die Einheit der Leuchtdichte ist cd/m^2. Wenn beispielsweise weißes Papier einer Beleuchtungsstärke von 500 Lux ausgesetzt ist, dann beträgt die Leuchtdichte etwa 120 cd/m^2. Ein guter Bildschirm oder Fernseher erreicht Leuchtdichten bis zu 400 cd/m^2.

Beispiele:
Papier und Bildschirm

Der Zusammenhang Die folgende Abbildung zeigt die wichtigsten lichttechnischen Größen im Zusammenhang.

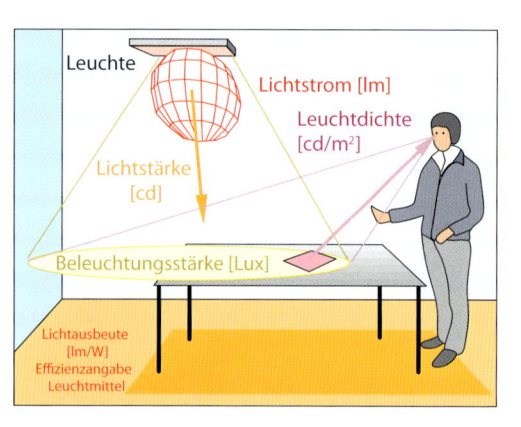

Abb. 35: Lichttechnische Grundgrößen im Zusammenhang

Erläuterung Zur Erläuterung:
- Eine Leuchte an der Decke strahlt einen *Lichtstrom* aus.
- Die Intensität, mit der der Tisch beleuchtet wird, wird als *Beleuchtungsstärke* definiert.
- Der Tisch und die Gegenstände auf dem Tisch haben ein bestimmtes Reflexionsverhalten.
- Der Mensch nimmt nun das reflektierte Licht des Tisches und der daraufliegenden Gegenstände als *Leuchtdichte* wahr.

Diese hier genannten Größen sind wichtig, wenn es darum geht, zu verstehen, wie die Lichtmessung von der Decke her funktioniert und welche Größen diese beeinflussen.

3.2 Lichtmessung

Das Schalten des Lichts durch Präsenz- und Bewegungsmelder soll in Abhängigkeit der Helligkeit geschehen. Dies setzt eine Lichtmessung voraus.

Messung ist Voraussetzung für das Schalten

Aus der folgenden Tabelle wird ersichtlich, dass die Beleuchtungsstärken an verschiedenen Orten bzw. Einsätzen – und damit das zu messende Licht – in einem sehr großen Bereich variieren.

Sehr großer Bereich

Ort	Beleuchtungsstärke in Lux (lm/m²)
Bedeckte Nacht	0,0001
Vollmond	0,1
Fluchtwegbeleuchtung in Gebäuden	minimal 0,5
Tiefe Dämmerung	1
Straßenbeleuchtung, Plätze	1 bis 50
Gänge in Restaurants und Hotels	100
Lagerhallen, Häuser, Theater, Archiv	150
Ständig besetzter Arbeitsplatz	200
Unterrichtsräume (Grund- und weiterführende Schulen)	300
Unterrichtsräume (Abendklassen und Erwachsenenbildung)	500
Büro (normale Büroarbeiten, PC-Arbeit)	500 bis 750
Feinmechanische Werkstatt, Augenarzt	1.000
Bedeckter Tag	1.000 bis 5.000
Sonnenlicht	100.000

Abb. 36: Beleuchtungsstärken ausgewählter Orte
(Quellen: Eigene Recherchen sowie ZVEI-Leitfaden zur DIN EN 12464-1)

Der Mensch kann auch bei Mondlicht Zeitung lesen. Das wahrnehmbare Licht entspricht dabei einer Beleuchtungs-stärke von 1 Lux. Über Mittag hingegen bei unbewölktem Himmel in entsprechenden Breitengraden beträgt die Beleuchtungsstärke auf der Zeitung bis zu 300.000 Lux. Das Auge ist in der Lage, Leuchtdichten über mindestens 10 Dekaden wahrzunehmen. Damit unser Auge diesen Dynamik-umfang überhaupt sehen kann, passt es sich den vorhandenen Helligkeiten mittels verschiedener Mechanismen an (Pupillenerweiterung; Umschalten von Zapfen auf Stäbchen).

Einfache Lichtmessung

Lichtsensor Die einfache Lichtmessung in Bewegungsmeldern auf PIR- oder HF-Basis erfolgt über einen Lichtsensor. Der Lichtsensor besteht dabei aus einer Photodiode auf Siliziumbasis mit nachgeschaltetem Verstärker und einer Linearisierung.

Lichtsensor

Abb. 37: *Lichtmessung über eine Photodiode auf Siliziumbasis*

Die Photodiode ist mit einem optischen Filter hinsichtlich des Empfindlichkeitsprofils auf den Spektralbereich des menschlichen Auges angepasst. Das Ausgangssignal ist ein Strom, der linear lichtabhängig ist, wie die Abbildung zeigt.

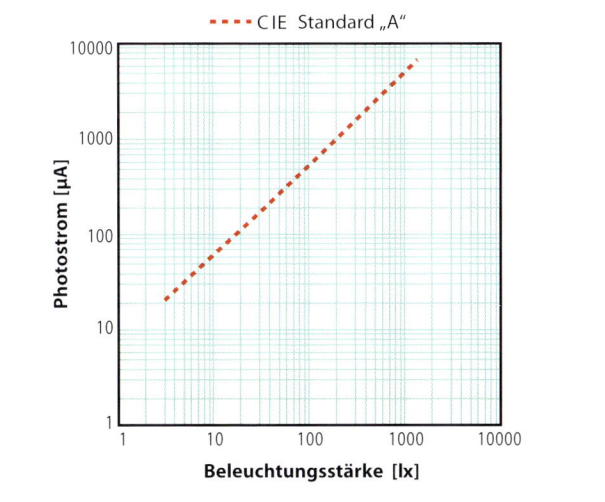

Abb. 38: *Photostrom in Abhängigkeit der Beleuchtungsstärke*

Bei 3 Lux – Dämmerung – beträgt der Photostrom des Lichtsensors 11 µA. Der gleiche Lichtsensor hat bei 500 Lux – was einen typischen Wert für Schreibtischoberflächen in normgerecht ausgeleuchteten Büros darstellt – einen Fotostrom von 2.500 µA. Dieser Dynamikbereich des Lichtsensors lässt sich mit einer Elektronik erfassen.

Hochpräzise Lichtsensoren haben kaum Toleranzen. Daher kann es bei identischer Einstellung des Lichtwerts und identischer Helligkeit auch nicht mehr zu ungleichem Schalten gleicher Präsenz- oder Bewegungsmelder kommen, wie es noch bei älteren Geräten, die mit Fotowiderständen arbeiten, manchmal der Fall war.

Mischlichtmessung

Erfassung des natürlichen und künstlichen Lichts Präsenzmelder, wie wir sie im engeren Sinne verstehen, verfügen über eine Mischlichtmessung. Sie erfassen also das natürliche und künstliche Licht in ihrer Umgebung.

Die folgende Abbildung verdeutlicht die Funktionsweise.

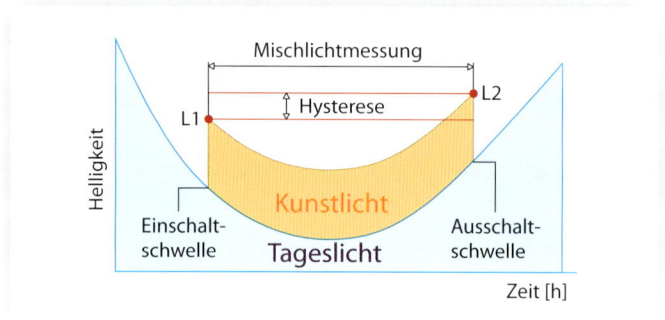

Abb. 39: *Funktionsweise der Mischlichtmessung*

Hysterese-Prinzip Die Mischlichtmessung nutzt dabei das ▸Hysterese-Prinzip:

- Fällt die Umgebungshelligkeit (Tageslicht) unter den definierten Grenzwert und es werden gleichzeitig Bewegungen erkannt, wird das Kunstlicht zugeschaltet.
- Dies führt zu einem neuen Lichtwert (L1), der sich zusammensetzt aus dem Tageslicht und dem zugeschalteten Kunstlichtanteil.
- Der Controller berechnet den Mischlichtwert L2. Dieser ist etwas höher angesetzt (Hysterese), damit ein klar definierter Ausschaltpunkt entsteht. So wird verhindert, dass beispielsweise ein vorbeifahrendes Auto mit seinem Licht die Leuchten gleich wieder ausschaltet, wenn es im Raum geringfügig heller wird.
- Die Hysterese sorgt dafür, dass der Lichtwert den Level L2 erreichen muss, bis das Kunstlicht wieder ausgeschaltet wird.

Damit die Funktionsweise verdeutlicht wird, sind die Werte in der Abbildung 39 etwas überzeichnet.

Diese Art der Lichtmessung eignet sich für die meisten Anwendungsgebiete, da der Typ der verwendeten Leuchtmittel keinen Einfluss auf die Funktion der Lichtmessung hat.

Tageslichtmessung

In speziellen Situationen kommt anstelle der Mischlichtmessung die reine Tageslichtmessung über die Wellenlänge zum Einsatz. Diese funktioniert allerdings nur dort, wo ausschließlich Leuchtstofflampen oder LED-Systeme geschaltet werden. Glüh- und Halogenlampen stören die Tageslichtmessung.

Tageslichtmessung

Lichtmessung von Präsenz- und Bewegungsmeldern

Auf dem Tisch eines Büroarbeitsplatzes wird eine Beleuchtungsstärke von 500 Lux gefordert. Wie lässt sich nun feststellen, ob diese 500 Lux vorhanden sind?

500 Lux gefordert

Zunächst ist festzuhalten, dass das Thema Lichtmessung wesentlich schwieriger ist als zum Beispiel das Messen von Strom und Spannung oder auch der Temperatur. Der Grund liegt darin, dass die gefragte Beleuchtungsstärke nicht dort gemessen wird, wo sie für den Nutzer interessant ist – nämlich beispielsweise im Büro auf dem Tisch. PIR- oder HF-Bewegungsmelder messen die Leuchtdichte über die Reflexion von Boden, Möbeln etc. – Messpunkt und Referenzpunkt liegen also auseinander. Es handelt sich daher um eine indirekte Messung. Wie diese funktioniert, sei nun genauer erläutert.

Lichtmessung über Reflexion

Ort des Lichtsensors

Will man zum Beispiel am Arbeitsplatz auf dem Bürotisch eine konstante Beleuchtungsstärke erreichen, müsste ein Luxmeter auf dem Schreibtisch die Beleuchtungsstärke erfassen und dem Präsenzmelder an der Decke funken. Der Präsenzmelder würde den Ist-Wert mit dem programmierten Soll-Wert vergleichen und dann über einen Regelalgorithmus das Vorschaltgerät der Leuchte so ansteuern, dass die Summe aus Tages- und Kunstlicht stets konstant ist.

Einschränkungen lassen sich vermeiden

Ein Funk-Luxmeter wäre eine technische Möglichkeit, um die unter bestimmten Bedingungen auftretenden Einschränkungen der Reflexionslichtmessung aufzuheben. Eine solche Lösung wäre jedoch aufwendig.

Zudem lassen sich die möglicherweise auftretenden Einschränkungen auch vermeiden, indem bei der Positionierung und Einrichtung der Präsenzmelder einige grundsätzliche Aspekte beachtet werden. Diese werden auf den folgenden Seiten beschrieben.

In der Praxis erfolgt die Messung von einem Präsenzmelder aus, der über dem Tisch an der Decke montiert ist.

Reflexionslichtmessung

Leuchtdichte wird erfasst

In einem Präsenzmelder ist je nach Typ mindestens ein Lichtsensor integriert. Dieser erfasst allerdings nicht die *Beleuchtungsstärke* auf dem Schreibtisch bzw. Boden, sondern die in seinem Erfassungsbereich durchschnittliche *Leuchtdichte*.

Abhängig von der Beleuchtungsstärke

Die vom Lichtsensor erfasste Leuchtdichte hängt von verschiedenen Kriterien ab: Klar ist, dass die Leuchtdichte direkt von der Beleuchtungsstärke abhängig ist, mit der die vom Lichtsensor erfasste Fläche bestrahlt wird.

Abhängig vom Reflexionsgrad

Dasselbe gilt für den Reflexionsgrad der Flächen: Je größer dieser ist, desto höher fällt die Leuchtdichte aus und damit das Messsignal des Lichtsensors.

Ein idealer Lichtsensor würde die Leuchtdichte unabhängig von der Montagehöhe richtig messen. In der Realität nimmt der Lichtsensor allerdings mit zunehmender Montagehöhe immer weitere Umgebungseinflüsse wahr. Die folgende Abbildung zeigt: Je nach Erfassungswinkel des Lichtsensors im Präsenzmelder nimmt dieser nicht nur die Leuchtdichte auf dem Tisch, sondern auch die Leuchtdichte der umgebenden Bodenfläche und Wände auf.

Einfluss der Montagehöhe

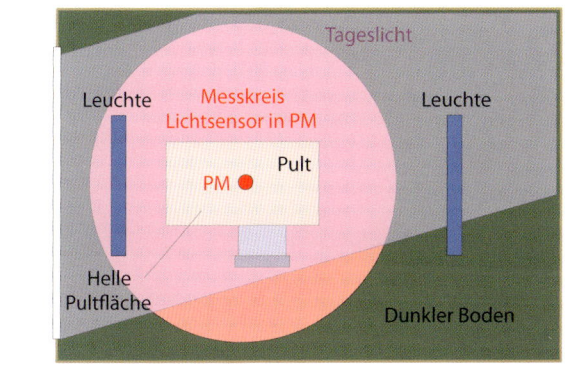

Abb. 40: *Messkreis des Lichtsensors im Präsenzmelder: Nicht nur die reflektierten Lichtanteile der Schreibtischoberfläche werden aufgenommen, sondern auch die der Bodenfläche*

Je größer der Einfallswinkel des Lichtsensors, desto mehr dehnt sich seine erfasste Leuchtdichtefläche aus.

Einfallswinkel und Leuchtdichtefläche

Was das in der Praxis bedeutet, soll ein Beispiel verdeutlichen. Die folgenden Abbildungen zeigen verschiedene Tageslichteinflüsse auf ein und denselben Raum.

Man betrachte einmal die Decke. Es kommt vor, dass die Sonne den Präsenzmelder an der Decke direkt bestrahlt. Wenn

Wenn die Sonne an die Decke strahlt

der Präsenzmelder in diesem Fall nicht über einen scharf ab-
gegrenzten Messkegel verfügt, wird der Messwert des Lichtsensors stark beeinflusst.

Abb. 41: *Sonne scheint auf den Präsenzmelder*

Einfluss heller Flächen Der Sensor im Präsenzmelder an der Decke wird von weiteren Elementen beeinflusst – beispielsweise vom Fenstersims,
den Möbeln, Schränken und Wänden. Scheint die Sonne in
den Raum, täuschen hell strahlende Flächen dem Lichtsensor
eine Helligkeit vor, die am Arbeitsplatz nicht existiert.

Abb. 42: *Störungen durch strahlende Flächen
bei nicht scharf abgegrenztem Messkegel*

Ein dunkler Teppich hat einen Reflexionsgrad von weniger als 10 Prozent, helles Holz 30 Prozent und weißes Papier etwa 75 bis 80 Prozent. Im Bild enthält der Raum noch keine Möbel. Der Präsenzmelder an der Decke erhält ein verfälschtes Leuchtdichtesignal.

Einfluss des Fußbodens

Abb. 43: *Gleicher Raum ohne Möbel*

Wenn also der Melder bei leerem Raum einjustiert wird, basiert die an der Decke gemessene Leuchtdichte auf anderen Werten als beim möbliertem Raum, weil das möblierte Zimmer ein anderes Reflexionsverhalten besitzt als der reine Boden.

Unterschiedliches Reflexionsverhalten

Abb. 44: *Anderes Reflexionsverhalten bei Möblierung*

Unmöblierter Zustand Wenn die Anlage vom Installateur in unmöbliertem Zustand justiert wurde, wird mit der hellen Schreibtischfläche ein ganz anderes Leuchtdichtesignal entstehen, weil die Schreibtischfläche etwa dreimal besser reflektiert als der dunkle Boden.

TIPP Ein Melder ist erst dann zu justieren, wenn der Raum möbliert ist.

„Augentaste" Um das System unabhängig vom ursprünglich justierten Leuchtdichtesignal auf die Bedürfnisse des Nutzers anzulernen, haben Präsenzmelder oft eine Fernbedienung mit „Augentaste", mit der das Gerät die als angenehm empfundene Helligkeit lernen kann.

3.3 Lichtsteuerung und Lichtregelung

Bestimmung der Begriffe Da im Zusammenhang mit Präsenz- und Bewegungsmeldern häufig Begriffe wie Schalten, Steuern und Regeln sowie aus diesen Begriffen abgeleitete bzw. zusammengesetzte Wörter auftauchen, seien diese Begriffe zunächst näher bestimmt. Im Anschluss zeigen wir, wie die Konstantlichtregelung funktioniert.

Was unterscheidet Schalten, Steuern und Regeln?

Schalten

Elektrisch leitende Verbindung herstellen oder trennen Schalten bedeutet, dass eine elektrisch leitende Verbindung hergestellt oder getrennt wird. Dieses Herstellen und Trennen kann von Hand erfolgen, indem ein Schalter betätigt wird.

Wird das Ausschalten vergessen oder bleibt das Kunstlicht aus anderen Gründen eingeschaltet, leuchtet das Licht selbst dann, wenn es gar nicht benötigt wird – etwa wenn das Tageslicht ausreicht oder wenn sich gar keine Personen im Raum aufhalten.

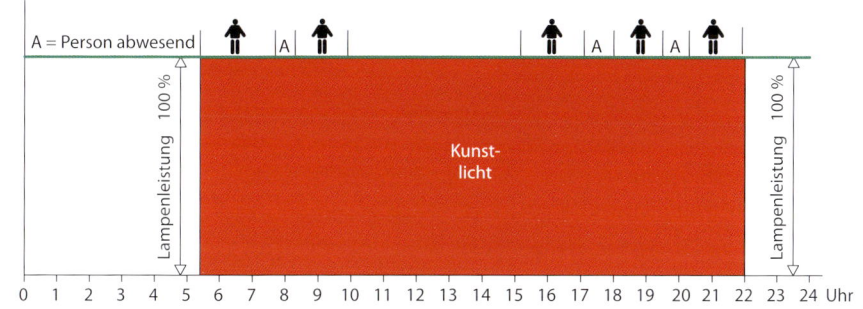

Abb. 45: *Kunstlicht, das morgens ein- und abends ausgeschaltet wird*

Steuern

Steuern bedeutet die gerichtete Anpassung eines Systems durch externe Eingriffe an veränderte Bedingungen. Wenn Bewegungsmelder und Präsenzmelder das Licht oder die Klimaanlage präsenzabhängig ein- und ausschalten, handelt es sich dabei um Steuerungen. Dabei folgt das Einschalten der Beleuchtung der Bedingung, dass sich Personen im Raum aufhalten.

Anpassung durch externe Eingriffe an veränderte Bedingungen

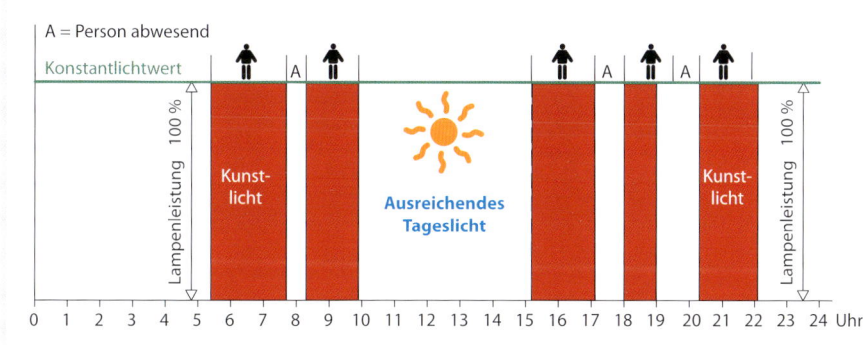

Abb. 46: *Kunstlicht, das präsenzabhängig ein- und ausgeschaltet wird*

Keine Rückkopplung	Bei steuerbaren Systemen werden die unmittelbaren Ergebnisse der Maßnahmen dem System nicht zurückgekoppelt. Es findet somit keine Regelung statt.

Regeln

Konstanthalten einer veränderlichen Größe	Beim Regeln wird eine prinzipiell veränderliche Größe automatisch annähernd konstant gehalten. In unserem Fall ist dies die Beleuchtungsstärke (die, wie beschrieben, indirekt über die Leuchtdichte gemessen wird).
Geschlossener Wirkungskreis	Beim Regeln gibt es – im Unterschied zum Steuern – einen geschlossenen Wirkungskreis. Das System passt sich selbstständig an veränderte Bedingungen an – etwa an das morgens zunehmende und nachmittags abnehmende Tageslicht.
Bei Abweichung wird gegengesteuert	Dabei wird im Allgemeinen zunächst der Wert der zu erhaltenden Größe gemessen. Bei Abweichung vom Soll-Wert wird der gewollte Wert durch entsprechende Wechselwirkung wiederhergestellt. Dem Abweichen vom Soll-Wert wird also gegengesteuert. Beim hier beschriebenen Vorgang handelt es sich um die Konstantlichtregelung, die im Folgenden genauer erklärt wird.

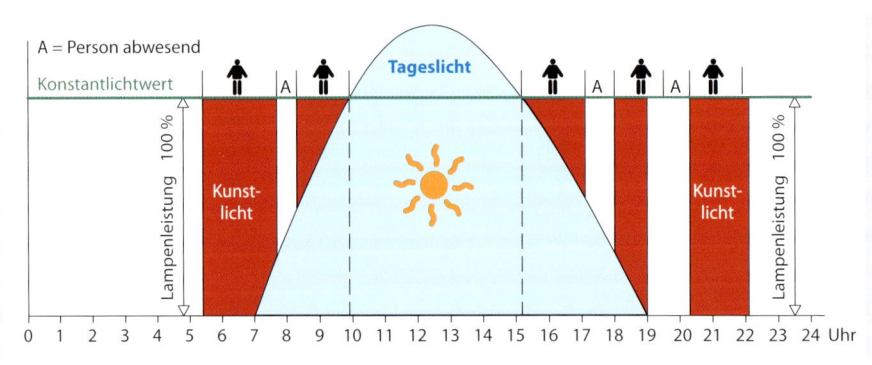

Abb. 47: *Regelung der Beleuchtungsstärke per Konstantlichtregelung*

Konstantlichtregelung

Bei der Konstantlichtregelung wird die erforderliche Helligkeit der künstlichen Beleuchtung automatisch so geregelt,
dass die erforderliche Beleuchtungsstärke im Raum einen
konstanten Wert hält. Eine Konstantlichtregelung unterstützt die im Vergleich zu herkömmlichen Möglichkeiten
des Schaltens und Steuerns ideale Energieausnutzung. Daher
wird ein solches Beleuchtungskonzept der Effizienzklasse A
im Sinne der DIN EN 15232 gerecht (siehe S. 210).

Ideale Energieausnutzung

Die vom Lichtsensor erfasste „Raumhelligkeit" stellt den Ist-
Wert dar und wird mit dem Soll-Wert verglichen. Bei Abweichungen wird über den eingebauten Regler und eine nor-
mierte Schnittstelle – 1…10 V oder ▸DALI – das Vorschaltgerät der Leuchtstofflampe so angesteuert, dass die Summe
aus Tages- und Kunstlicht konstant bleibt.

Konstante Summe aus Tages- und Kunstlicht

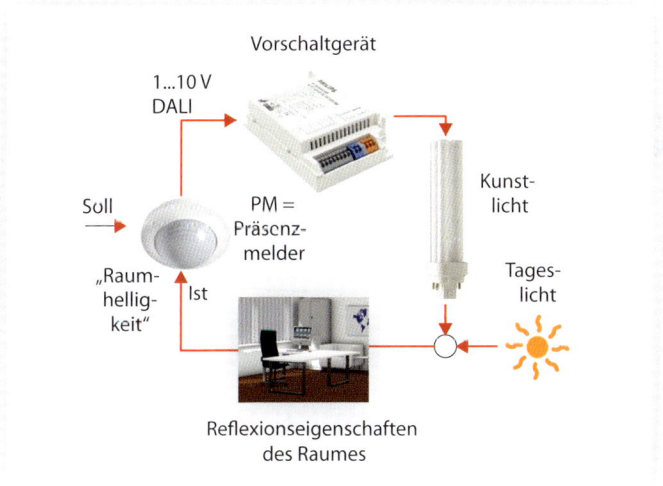

Abb. 48: Funktionsprinzip der Konstantlichtregelung

Je nach Einfall des Tageslichts wird die Leuchtstofflampe
stärker oder schwächer gedimmt. Zwischen den Extremfällen

– Tageslicht ist genügend vorhanden -> Leuchtstofflampe wird ausgeschaltet sowie Dunkelheit, kein Tageslicht -> Leuchtstofflampe wird auf volle Leistung geregelt – sind alle Zwischenvarianten möglich.

Beispiel: Büroarbeitsplatz

Büroarbeitsplatz Betrachten wir beispielsweise einen Büroarbeitsplatz.

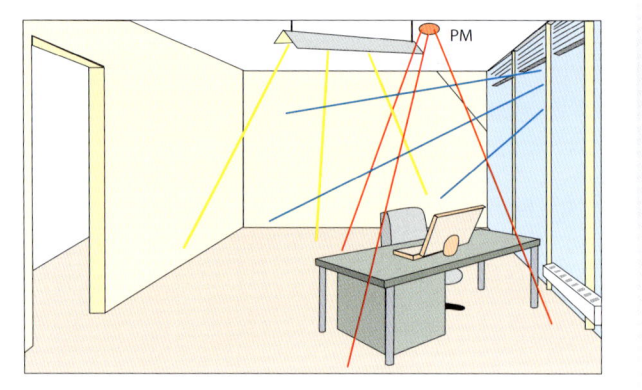

Abb. 49: *Erfassung der Anwesenheit einer Person sowie der „Raum-helligkeit" durch einen Präsenzmelder über dem Bürotisch*

Präsenzmelder über dem Bürotisch Wie die Abbildung zeigt, erfasst der Präsenzmelder über dem Bürotisch die Bewegungen von Personen. Aufgrund des eingebauten Lichtsensors wird entschieden, ob das Licht im Raum überhaupt eingeschaltet werden muss.

Tageslicht wird optimal genutzt Falls sich jemand im Raum aufhält, wird mit einer Konstant-lichtregelung das einfallende Tageslicht optimal genutzt: Das Kunstlicht an der Decke wird so weit gedimmt, dass die Beleuchtungsstärke am Arbeitsplatz immer konstant bleibt.

Werden keine Bewegungen mehr festgestellt, wird das Licht nach einer vordefinierten Nachlaufzeit ausgeschaltet.

Wie die Konstantlichtregelung in einem Büro mit zwei Leuchten aussehen könnte, zeigt zur Verdeutlichung die folgende Abbildung.

Büro mit zwei Leuchten

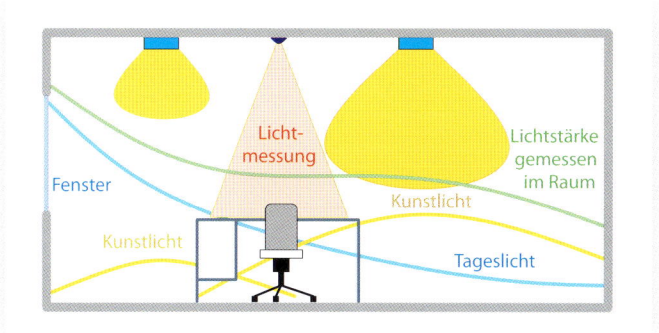

Abb. 50: *Konstante Beleuchtungsstärke auf dem Arbeitstisch bei unterschiedlicher Dimmung der Leuchten*

Der Arbeitsplatz ist dem Fenster zugeordnet. Die fensternahe Leuchte wird stärker gedimmt als die vom Fenster abgewandte Leuchte, um das Tageslicht möglichst voll auszunutzen. Im Idealfall bleibt die Beleuchtungsstärke auf dem Arbeitstisch indessen konstant.

Unterschiedliche Dimmung

Gemessen wird hier mit dem Präsenzmelder über dem Schreibtisch. Es gibt auch Präsenzmelder, die über zwei Lichtsensoren verfügen: Der eine Lichtsensor ist für die Leuchten in Fensternähe zuständig, der zweite steuert die Leuchten im Rauminnern.

Präsenzmelder mit zwei Lichtsensoren

Mit einem Schalter, einer Fernbedienung oder einer Smartphone-Applikation kann die Person am Bürotisch jederzeit manuell eingreifen oder eine vordefinierte Lichtszene abrufen.

Manueller Eingriff

Beispiel: Großraumbüro

Sechs Gruppenarbeitsplätze

Betrachten wir ein weiteres Beispiel, das im Alltag häufig anzutreffen ist: Ein Büro mit sechs Gruppenarbeitsplätzen ist in diesem Fall so aufgebaut, dass drei Gruppen an der Fensterfront arbeiten, weitere drei Gruppen an der Innenwand, dazwischen besteht ein Korridor. Die Arbeitsplätze am Fenster verfügen über deutlich mehr Tageslicht als die Gruppe an der Innenwand.

Nachteile ohne Konstantlichtregelung

Würde nun einfach die Deckenbeleuchtung als Ganzes ein- und ausgeschaltet werden, was auch heute oft noch üblich ist, werden die Potenziale zur Energieeinsparung nicht hinreichend genutzt. Unter Umständen wird die Lebensdauer der Leuchtmittel verkürzt, wodurch sie öfter ersetzt werden müssen.Damit fallen auch Arbeitsstunden für das Wechseln dieser Leuchtmittel an; auch diese Kosten sind zu berücksichtigen.

Separate Regelungen

Die Lösung besteht hier darin, die Leuchten an der Fenster- und Innenfront separat über Präsenzmelder zu regeln. Einerseits ist so garantiert, dass eine Leuchtgruppe von Arbeitsplätzen nur dann eingeschaltet wird, wenn sich auch mindestens eine Person darin aufhält, anderseits wird der Kunstlichtanteil nur so weit gedimmt, als die Summe aus Tages- und Kunstlicht der geforderten Beleuchtungsstärke entspricht.

Regelung des Gangs per Master-Slave-Melder

Der Flur zwischen Fenster- und Innenwandgruppen wird separat geregelt. Hier kommt eine Präsenzmelder-Master-Slave-Schaltung zum Einsatz. Weil ein Präsenzmelder nicht den ganzen Gang erfassen kann, werden zwei Präsenzmelder eingesetzt. Nur der Master-Präsenzmelder verfügt über eine vollständige Elektronik mit Relais. Der zweite Slave-Präsenzmelder muss nur eine Bewegungs-Messeinrichtung enthalten und teilt seinen Messwert dem Master mit, der dann die Gangbeleuchtung schaltet. Dies bedeutet, dass der

Master-Melder eine Präsenzerfassung und Lichtmessung durchführt, wogegen der Slave-Melder nur eine Präsenzerfassung durchführt.

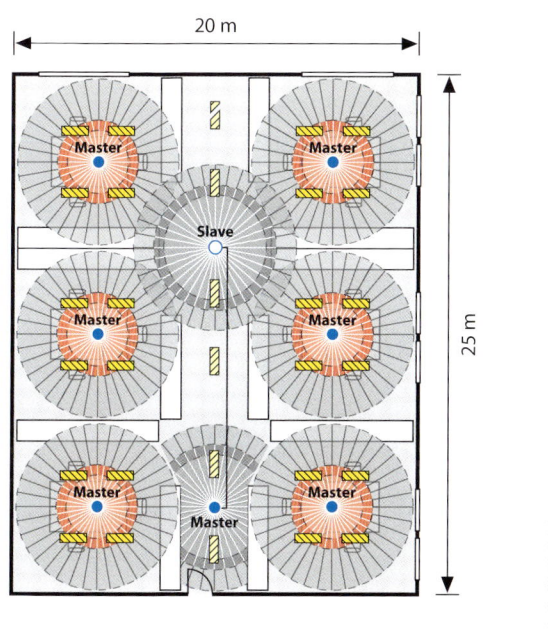

Abb. 51: *Typischer Aufbau eines Großraumbüros mit sechs Arbeitsinseln und einem Korridor dazwischen*

Konstantlichtregelung und sich im Tagesverlauf veränderndes Sonnenspektrum

Im Laufe des Tages ändert sich das Spektrum der Sonne: Am Morgen und Abend hat das Sonnenlicht wesentlich mehr Rotanteile als über Mittag.

Abb. 52: *Abendsonne mit großen Rotanteilen*

Damit ändert sich natürlich auch die spektrale Verteilung aus der Summe von Kunst- und Tageslicht.

Der Lichtsensor erfasst das Licht in einem spezifischen Spektralbereich. Bei sich ändernder spektraler Verteilung ändert sich das Ausgangssignal. Dadurch wird dem Lichtsensor eine falsche Beleuchtungsstärke suggeriert.

Es wird nie so sein, dass

- die spektrale Verteilung des Lichts konstant bleibt
- der Einfallswinkel des Lichtes auf den Lichtfühler konstant bleibt
- die Reflexionseigenschaften des Raumes, innerhalb welcher der Lichtfühler misst, konstant bleiben

Wenn man diese Einflüsse beachtet, ist man nicht überrascht, wenn es im Alltagsbetrieb bei der Konstantlichtregelung zu leichten Abweichungen kommt.

Konstantlichtregelung mit Leuchtstofflampen

Bei der Bewertung der Energieeffizienz einer Konstantlichtregelung ist zu beachten, dass die Lichtausbeute durch das Leuchtmittel beeinflusst wird.

Einflüsse auf die Lichtausbeute

Bis heute kommen bei einer Konstantlichtregelung hauptsächlich gedimmte Leuchtstofflampen zum Einsatz (T5-Leuchte mit 16 mm Röhrendurchmesser). Eine T5-Leuchte bringt eine Systemlichtausbeute bis zu 88 lm/W.

Leuchtstofflampen

Neben den Eigenschaften der Leuchtmittel ist zu berücksichtigen, dass dimmbare Vorschaltgeräte (elektronische Betriebsgeräte zur Dimmung von Leuchtstofflampen) zirka 10 Prozent der Nennsystemleistung verbrauchen. Bei einer Systemleistung von 35 Watt bleiben also rund 3,5 W dauernde Verlustleistung. Je stärker die Dimmung der Leuchte ausfällt, desto schlechter wird dadurch die Lichtausbeute.

Die folgende Abbildung zeigt unter anderem den relativen Lichtstrom einer gedimmten T5-Leuchte in Funktion der Systemleistung als roten Strich. Die relative Lichtausbeute ist als gestrichelte Kurve eingezeichnet.

Relativer Lichtstrom

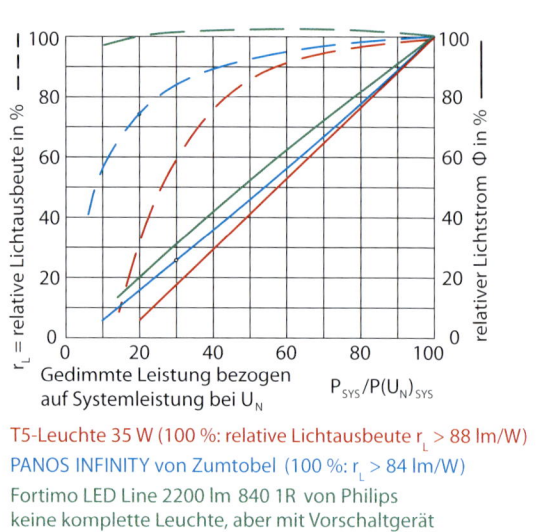

T5-Leuchte 35 W (100 %: relative Lichtausbeute r_L > 88 lm/W)
PANOS INFINITY von Zumtobel (100 %: r_L > 84 lm/W)
Fortimo LED Line 2200 lm 840 1R von Philips
keine komplette Leuchte, aber mit Vorschaltgerät
(100 % bei 4000 K: r_L > 115 lm/W)

Abb. 53: *Rückgang der Lichtausbeute bei gedimmten Leuchtstofflampen sowie LED-Leuchten*

Lichtausbeute bei starker Dimmung

Bei 15 Prozent der Systemleistung liegt die Lichtausbeute des Systems noch bei rund 10 lm/W, was einer Glühlampe entspricht. Dies bedeutet, dass die stark abnehmende Lichtausbeute gedimmter Leuchtstofflampen die Energieeinsparung nicht auf dem Potenzial halten kann, das man eigentlich erwarten würde. Trotz dieser Einschränkung lohnt sich auch eine Konstantlichtregelung auf der Basis von Leuchtstofflampen: Die Energieeinsparung liegt bei über 30 Prozent.

Unterhalb 20 Prozent abschalten

Wird kein Orientierungslicht benötigt, legt die Abbildung nahe, dass gedimmte Leuchtstofflampen aus energetischen Gründen unterhalb 20 Prozent der Systemleistung ausgeschaltet werden sollten. Denn die Lichtausbeute liegt zu tief und der Kunstlichtbeitrag zum Tageslicht ist kaum noch von Bedeutung. In diesem Zusammenhang sei daran erinnert, dass das menschliche Auge sehr anpassungsfähig ist (siehe S. 78). Diese Besonderheit hat zur Folge, dass 10 Prozent mehr oder weniger Licht am Arbeitsplatz kaum ins Gewicht fallen.

Konstantlichtregelung mit LED-Systemen
Um einen Eindruck davon zu geben, wie die Lösungen der Konstantlichtregelung in der Zukunft aussehen werden, führen wir zum Vergleich zwei LED-Systeme auf. Ausgangspunkt dabei ist die Tatsache, dass sich eine gedimmte LED hinsichtlich der Lichtausbeute bei der Dimmung wesentlich besser als eine gedimmte Leuchtstofflampe verhält.

Bessere Lichtausbeute bei LEDs

Als Komplettsystem sei stellvertretend für viele andere LED-Leuchten am Markt die LED-Leuchte PANOS INFINITY von Zumtobel aufgeführt.

Beispiel: PANOS INFINITY

Abb. 54: *Beispiel für eine LED-Leuchte: PANOS INFINITY von Zumtobel*

Diese liefert bei einer Systemleistung von 100 Prozent – das sind 32 W – eine Lichtleistung von 2.700 lm, was zirka 84 lm/W entspricht. Die Lichtausbeute der LED-Leuchte als Ganzes ist also annähernd so groß wie diejenige einer reinen T5-Leuchtstofflampe.

Hervorragende Lichtausbeute beim Dimmen

Viel eindrücklicher ist aber die Lichtleistung und Lichtausbeute der LED-Leuchte bei Dimmung: Bis auf 30 Prozent der Systemleistung bleibt die Lichtausbeute hervorragend; erst bei noch stärkerer Dimmung fällt auch bei der LED-Leuchte die Lichtausbeute markant ab.

Beispiel: Fortimo LED-Line-System

Beim Verfassen dieses Kapitels neu auf dem Markt ist das modulare Fortimo LED-Line-System von Philips, das ebenfalls als Beispiel für ähnliche Systeme skizziert wird. Bei einer Farbtemperatur von 4.000 K brilliert dieses LED-System mit einer Lichtausbeute von über 115 lm/W. Das sind 30 Prozent mehr als bei einer T5-Leuchte.

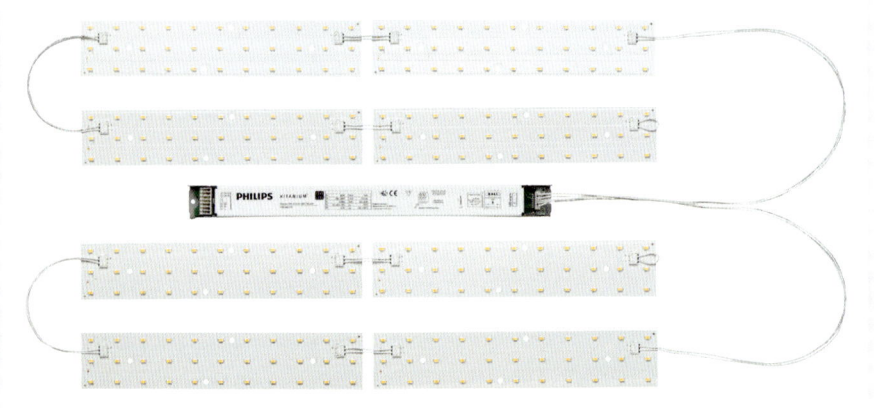

Abb. 55: *Beispiel für ein Beleuchtungssystem auf LED-Basis als Alternative zur Flächenbeleuchtung mit Leuchtstofflampen: Fortimo LED-Line-System von Philips*

Relativer Lichtstrom steigt bei Dimmung an

Die Fortimo-Modulreihe lässt sich in Leuchten verschiedenster Form einbauen, etwa in Einbauleuchten. Das interessante an diesem LED-System ist das Verhalten bei Dimmung: Der relative Lichtstrom steigt bei Dimmung an und erreicht erst bei 20 Prozent der Nennsystemleistung wieder den gleichen

Wert wie bei der Nennsystemleistung. Demzufolge steigt die Lichtausbeute bei der Dimmung auf über 100 Prozent, wenn die Dimmung im Bereich von 20...100 Prozent der Nennsystemleistung liegt. Allerdings ist dieses Verhalten nur möglich, wenn die LED über Stromrückgang gedimmt wird und nicht per Pulsweitenmodulation (PWM). Wer auf höchste Effizienz Wert legt, kennt somit einen weiteren Aspekt, auf den bei der Auswahl des passenden Systems zu achten ist.

Auch die Praxis liefert bereits belastbare Hinweise auf die Vorzüge von LED-Systemen: Im Verwaltungszentrum Werd in Zürich (Schweiz), das vom Amt für Hochbauten Zürich begleitet wurde, kamen in zwei identischen Korridoren einmal eine Beleuchtung mit Leuchtstofflampen und einmal ein mit LED-Technik zum Einsatz. Energiemessungen über mehrere Monate zeigten, dass die LED-Beleuchtung bei gleicher „Helligkeit" nur ein Drittel der Energie verbrauchte, wenn dauernd eine auf 20 Prozent gedimmte Beleuchtung vorhanden war und nur auf 100 Prozent Lichtleistung hochgefahren wurde, wenn Präsenzmelder Personen erfassten. Eine Grundbeleuchtung von etwa 20 Prozent kam des Komforts und der Sicherheit wegen zum Einsatz.

Praxisvergleich: Leuchtstofflampen und LED

Das Beispiel zeigt: Präsenzmelder arbeiten hier optimal mit der LED-Beleuchtung zusammen. In Korridoren erlaubt die LED-Technik zudem kürzere Nachlaufzeiten, da ein häufigeres Schalten die Lebenserwartung der Leuchtmittel nicht verringert. Diese Erkenntnisse machen es deutlich: Bei Beleuchtungskonzepten der Zukunft werden präsenzmeldergeregelte LED-Systeme eine große Rolle spielen.

Vorteile der LED-Technik

LED-Entwicklungen zeigen im Laborversuch (2011) bereits Lichtausbeuten von 213 lm/W; bei kompletten Leuchten mit Vorschaltgerät dürfte sich der Wert zwar auf rund 170 lm/W (4.000 K) reduzieren. Verglichen mit Leuchtstofflampen ist dies allerdings noch immer ein sehr hoher Wert.

Höhere Lichtausbeuten im Labor

Bei der Entscheidung für geeignete Leuchtmittel sind LED-Systeme in die engere Wahl zu ziehen, da sie eine Reihe von Vorteilen aufweisen:

Lichtausbeute
- Die Lichtausbeute modernster LED-Systeme ist bereits heute besser als diejenige der besten Leuchtstofflampen; die Werte werden in den nächsten Jahren noch ansteigen.

Dimmverhalten
- Gedimmte LED-Systeme verhalten sich wesentlich vorteilhafter als gedimmte Leuchtstofflampen. Denn gedimmte LED-Systeme verbrauchen zusammen mit Präsenzmeldern – wenn sie wie im auf der vorherigen Seite beschriebenen Beispiel eingesetzt werden – im Idealfall nur ein Drittel der Energie gegenüber gedimmten Leuchtstofflampen-Systemen. Wenn die Energie-einsparung im Vordergrund steht, sind sie daher die richtige Wahl.

Hohe Lebenserwartung
- Weil LED-Systeme mit gutem Wärmemanagement auch im Laufe ihrer Lebenserwartung keinen Leuchtmittelwechsel bedingen, sind sie zusätzlich im Vorteil. Während der Lebenserwartung einer LED-Leuchte sind etwa drei Leuchtmittelwechsel bei Leuchtstofflampen nötig.

Betriebskosten
- Wenn die Strompreise weiter ansteigen, spielen LED-Systeme ihren Vorteil noch stärker aus; auch wenn die Anfangsinvestition höher ausfällt als bei Leuchtstofflampen.

Lichtspektrum
- Bei der LED verändert sich auch das Lichtspektrum nicht, wenn diese gedimmt wird.

Weitere Vorteile
- Leuchtmittel auf LED-Basis bieten neben der hohen Energieeffizienz, dem weitgehend verlustfreien Dimmen und der langen Lebensdauer weitere Vorteile: Sie schalten sofort ein, bieten eine hohe Schaltfestigkeit und erzeugen beim Dimmen wenig Farbverschiebungen.

3.4 Fazit

Ziel einer Konstantlichtregelung ist es, eine im Raum vorgegebene Beleuchtungsstärke konstant zu halten. In diesem Kapitel haben Sie erfahren, wie sich dieses Ziel mit dem Einsatz von Präsenzmeldern erreichen lässt.

Beleuchtungsstärke konstant halten

Es sind jedoch für die einwandfreie Funktion diverse äußere Effekte zu berücksichtigen, die eine Konstantlichtregelung beeinflussen können. Dazu gehören von der Sonne hell bestrahlte Flächen im Messkegel. Da das Auge des Menschen relativ anpassungsfähig ist, kommt es mit einer Toleranz der Helligkeit problemlos klar. Zudem lassen sich diese Effekte im Zuge einer professionellen Planung und Umsetzung auf ein mit Blick auf die geltenden Normen vertretbares Maß eingrenzen.

Äußere Effekte

Die wichtigsten Punkte auf einen Blick:

Auf einen Blick

- Die Konstantlichtregelung sorgt für eine konstante Beleuchtungsstärke am Arbeitsplatz, unabhängig von der Tageslichtstärke.
- Die Regelung der Beleuchtungsstärke durch einen Präsenzmelder wird durch zwei Faktoren stark beeinflusst: durch die Sonneneinstrahlung und durch das Reflexionsverhalten der Möbel.
- Bei gedimmten Leuchtstofflampen verschlechtert sich die Lichtausbeute; bei starker Dimmung ist der Abfall im Wirkungsgrad sehr ausgeprägt.
- Anhand der momentanen Marktentwicklung zeigen sich Vorteile für eine Konstantlichtregelung, bei der LED-Leuchten und dimmende Präsenzmelder zum Einsatz kommen. Da LED-Systeme ein hocheffizientes Dimmverhalten aufweisen, ist diese Kombination hinsichtlich der energetischen Effizienz optimal.

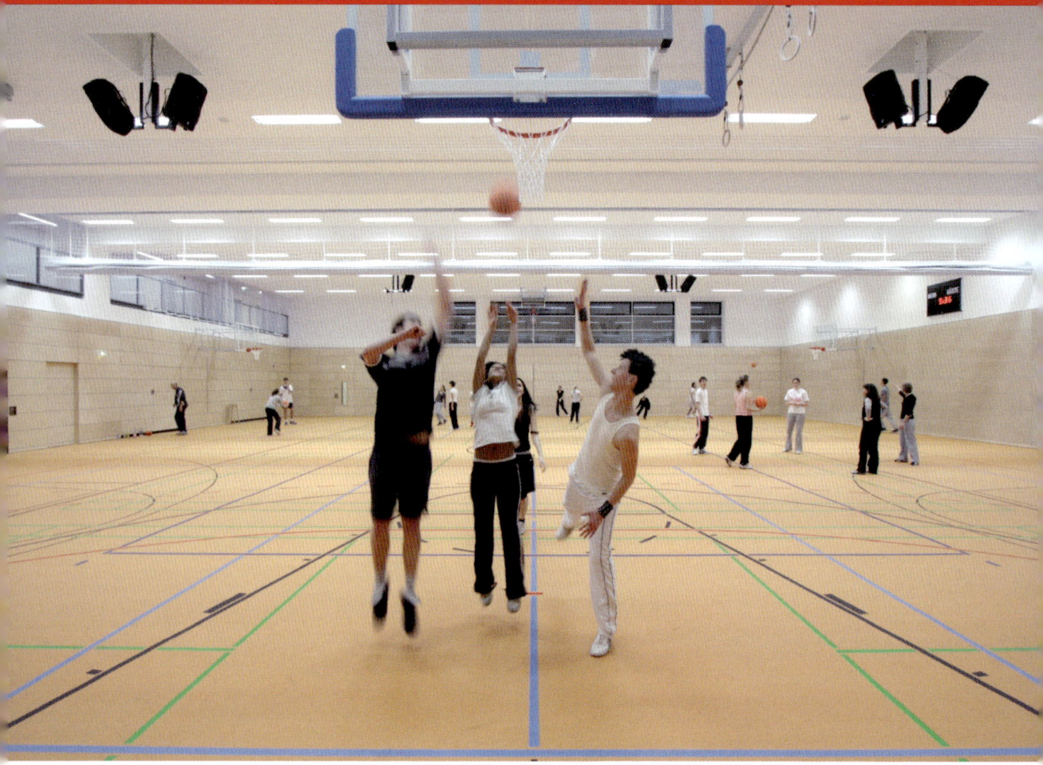

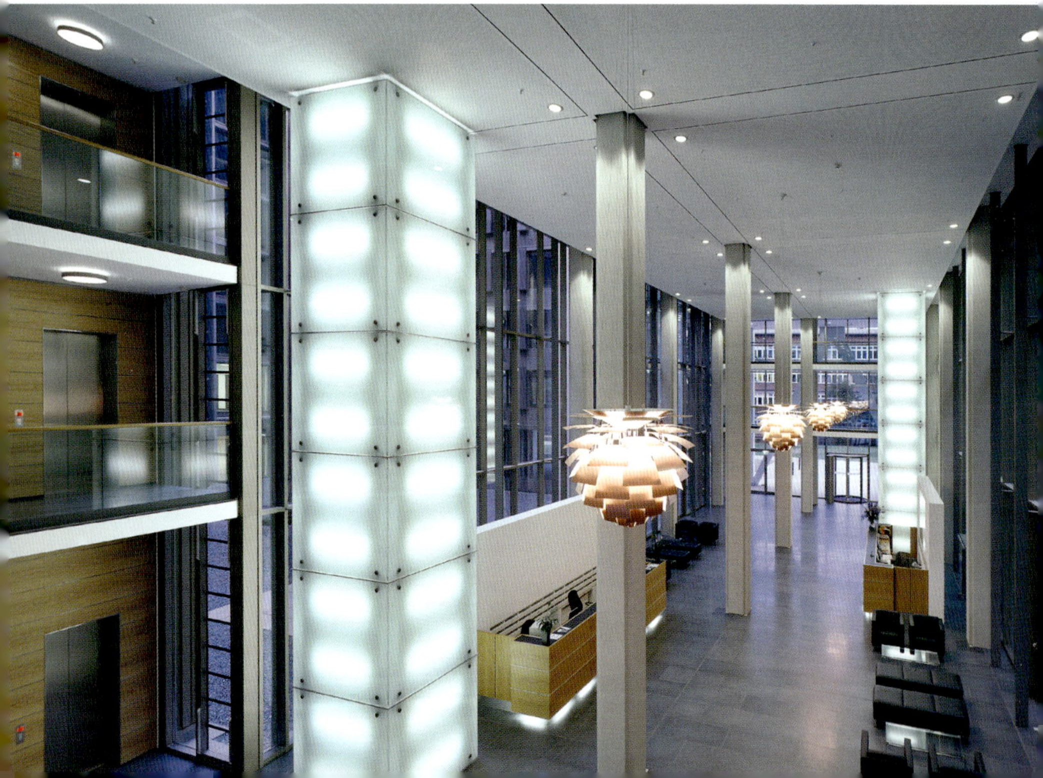

Kapitel 4

Einsatzbereiche und Praxistipps für Präsenzmelder und Bewegungsmelder

In diesem Kapitel wird der konkrete Einsatz von PIR- und HF-Meldern beschrieben. Dabei werden unterschiedliche Anwendungen betrachtet. Darüber hinaus wird gezeigt, worauf bei der Auswahl, Montage und Installation der Melder zu achten ist. Praxistipps zu Situationen, die häufig anzutreffen sind, runden das Kapitel ab.

4.1 Auswahl des richtigen Melders

Der Einsatz von Präsenz- und Bewegungsmeldern optimiert den Verbrauch von Energie und erhöht in vielen Fällen Komfort und Sicherheit. Das gilt für Neubauten wie für Sanierungen. Voraussetzung ist allerdings, dass für den jeweiligen Zweck auch der passende Melder ausgewählt wurde.

Die Entscheidung zwischen Präsenzmeldern und Bewegungsmeldern sowie zwischen den beiden unterschiedlichen Technologien (Melder auf Passivinfrarot-Basis oder auf Hochfrequenz-Basis) ist dabei abhäng von folgenden Kriterien:

- Umfang der erfassten Bewegung
- Einschaltkriterium
- Einsatzbereich
- benötigte Schaltausgänge
- benötigte Aktivität der Lichtmessung
- Besonderheiten

Umfang der erfassten Bewegung

Präsenzmelder nehmen auch kleinere Bewegungen wahr (zum Beispiel die Bewegungen einer am Schreibtisch sitzenden Person, die etwas in den Computer eingibt). Bewegungsmelder dagegen sind für Anwendungen vorgesehen, bei denen gehende Personen erkannt werden sollen.

Einschaltkriterium

Bewegungsmelder schalten das Kunstlicht ein, wenn

- das Umgebungslicht unterhalb des am Melder voreingestellten Lichtwertes liegt
- und Bewegung erkannt wird

Präsenzmelder schalten das Kunstlicht ein, wenn

- das Umgebungslicht unterhalb des am Melder voreingestellten Lichtwertes liegt
- und Bewegung bzw. Präsenz erkannt wird

Präsenzmelder schalten darüber hinaus die über den HLK-Kanal (Heizung, Lüftung, Klima) angeschlossenen Verbraucher aus, wenn keine Bewegung bzw. Präsenz mehr erkannt wird. Wann sie ausgeschaltet werden, lässt sich mittels der am Melder einstellbaren Nachlaufzeit bestimmen.

Schalten von Heizung, Lüftung, Klima

Einsatzbereich

Bewegungsmelder eignen sich vor allem für

Eignung von Bewegungsmeldern

- Räume ohne bzw. mit geringem Tageslichtanteil, die nur kurzzeitig genutzt werden
- für die Erfassung von Gehbewegungen

Beispiele für typische Einsatzbereiche sind:

Einsatzbereiche von Bewegungsmeldern

- Flure, Korridore, Gänge
- Treppenhäuser, Kellerabgänge
- Toiletten
- Badezimmer
- Umkleideräume
- Keller- und Lagerräume
- Garagen, Tiefgaragen
- Außenbereich (Haus- und Wegebeleuchtung)

Präsenzmelder eignen sich vor allem für

Eignung von Präsenzmeldern

- Räume mit Tageslicht und längerer Nutzung
- die Erfassung sitzender Personen (Präsenz)

Beispiele für typische Einsatzbereiche sind:

Einsatzbereiche von Präsenzmeldern

- Klassenzimmer
- Büros
- Besprechungs- und Tagungsräume
- Sporthallen
- Fitnessräume
- Lager- und Messehallen
- Industrie- und Gewerbeanlagen
- Gänge und Korridore, sofern diese über hohen Tageslichtanteil verfügen

Benötigte Schaltausgänge

Ein Schaltausgang   Bewegungsmelder haben einen Schaltausgang für Licht.

Mehrere Schaltausgänge   Präsenzmelder haben je nach Modell Schaltausgänge für:

- Licht
- Licht + HLK (Heizung, Lüftung, Klima)
- Licht 1 + Licht 2 (einzelne Lichtmessung pro Schaltausgang) + HLK
- Licht/ 1...10 V + HLK
- KNX, DALI/DSI

Benötigte Aktivität der Lichtmessung

Deaktivierte Lichtmessung   Bewegungsmelder deaktivieren nach dem Einschalten die Lichtmessung. Das Kunstlicht bleibt also so lange eingeschaltet, wie eine Bewegung erkannt wird.

Lichtmessung bleibt aktiv   Bei Präsenzmeldern bleibt die Lichtmessung aktiv. Ist das Tageslicht ausreichend, wird daher trotz erkannter Bewegung das Kunstlicht ausgeschaltet.

Besonderheiten

Gute Bedingungen für HF-Melder   Bei folgenden, besonderen Rahmenbedingungen ergänzen HF-Melder den Anwendungsbereich von PIR-Meldern:

1. Erfassung von warm eingekleideten Personen im Winter, wenn diese nur noch über das Gesicht Wärme abstrahlen
2. Erfassung von Personen in Gebieten, in denen auch am Abend hohe Umgebungstemperaturen herrschen (PIR-Melder können in diesen Situationen kaum Temperaturdifferenzen zwischen Person und Umgebung erkennen)
3. räumliche Gegebenheiten, in denen Personen direkt auf den Melder zugehen (Präsenz- und Bewegungsmelder auf Infrarotbasis haben eine Empfindlichkeitseinbuße, wenn Personen direkt im Strahlengang auf den Sensor zugehen. Genau umgekehrt ist es beim HF-Sensor:

Wenn eine Person direkt auf den Sensor zugeht, generiert diese Bewegung die höchste Signalstärke.)

4. Einsatz soll für den Nutzer unsichtbar erfolgen (HF-Sensoren lassen sich verdeckt über einer abgehängten Decke einbauen. In solchen Fällen ist allerdings die Lichtmessung im Raum nicht mehr möglich; der Lichtsensor wird deaktiviert. Ein Einsatzbeispiel verdeckt montierter HF-Melder sind lange Korridore ohne Tageslicht.)

5. Es sollen auch bewegte Gegenstände erfasst werden, die keine Temperaturdifferenz zur Umgebung aufweisen

Ist die grundsätzliche Entscheidung zwischen Präsenzmeldern und Bewegungsmeldern sowie zwischen den beiden unterschiedlichen Technologien (Melder auf Passivinfrarot-Basis oder auf Hochfrequenz-Basis) gefallen, kann meist eine Feinauswahl aus verschiedenen Meldermodellen getroffen werden, deren Aufbau jeweils auf bestimmte Einsatzbereiche hin optimiert wurde.

Feinauswahl aus verschiedenen Modellen

Zusammenfassend zeigt die folgende Abbildung, wie Sie bei Ihren Entscheidungen vorgehen können.

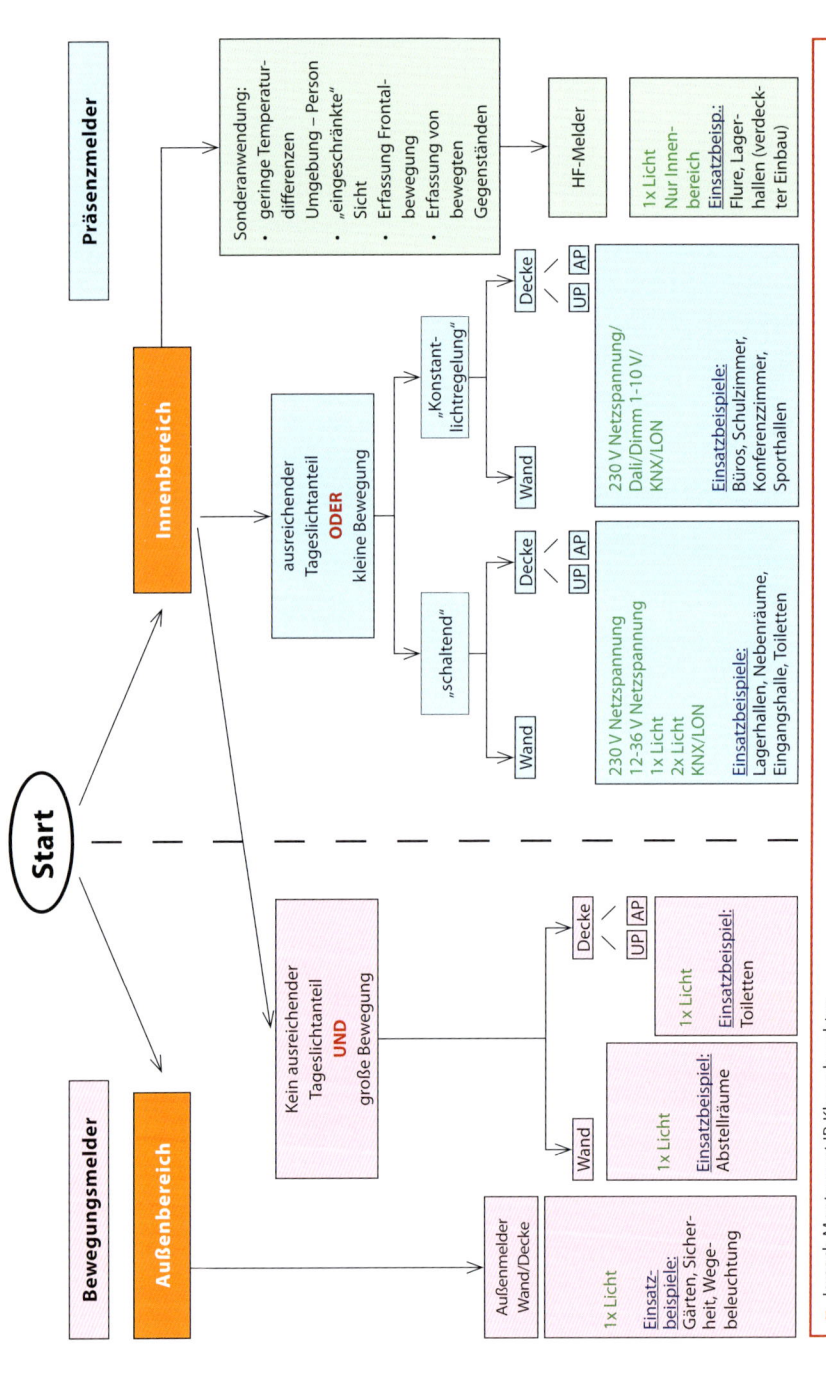

Abb. 56: *Entscheidungshilfe bei der Auswahl des passenden Melders*

Bewegungsmelder

Außenbereich

Außenmelder Wand/Decke

1x Licht

<u>Einsatzbeispiele:</u> Gärten, Sicherheit, Wegebeleuchtung

Kein ausreichender Tageslichtanteil **UND** große Bewegung

Wand

1x Licht

<u>Einsatzbeispiel:</u> Abstellräume

Decke / UP AP

1x Licht

<u>Einsatzbeispiel:</u> Toiletten

Start

Präsenzmelder

Innenbereich

Sonderanwendung:
• geringe Temperaturdifferenzen
• Umgebung – Person „eingeschränkte" Sicht
• Erfassung Frontalbewegung
• Erfassung von bewegten Gegenständen

HF-Melder

1x Licht
Nur Innenbereich
<u>Einsatzbeisp.:</u> Flure, Lagerhallen (verdeckter Einbau)

ausreichender Tageslichtanteil **ODER** kleine Bewegung

„schaltend"

Wand

Decke / UP AP

230 V Netzspannung
12–36 V Netzspannung
1x Licht
2x Licht
KNX/LON

<u>Einsatzbeispiele:</u> Lagerhallen, Nebenräume, Eingangshalle, Toiletten

„Konstant-lichtregelung"

Wand

Decke / UP AP

230 V Netzspannung/
Dali/Dimm 1–10 V/
KNX/LON

<u>Einsatzbeispiele:</u> Büros, Schulzimmer, Konferenzzimmer, Sporthallen

■ Je nach Montageart IP-Klasse beachten
■ Für die Steuerung von Heizung-Lüftung-Klima: Präsenzmelder mit zusätzlichem HLK-Kontakt (PLUS) nutzen
■ Erfassungsreichweite (Frontal, Quer, Arbeitsbereich) beachten
■ Montageort beachten

UP = Unter Putz
AP = Auf Putz

4.2 PIR-Bewegungsmelder

Auf den folgenden Seiten erfahren Sie:
- worauf Sie bei der Festlegung des Erfassungsbereichs achten müssen
- welche Schaltungstechniken zur Anwendung kommen
- wie Beispiele für den konkreten Einsatz in der Praxis aussehen

Die grundsätzlichen Hinweise zur Festlegung des Erfassungs-bereichs gelten dabei nicht nur für PIR-Bewegungsmelder, sondern auch für PIR-Präsenzmelder, denn die technischen Voraussetzungen sind in beiden Fällen identisch.

Gültig für Präsenz- und Bewegungsmelder

Festlegung des Erfassungsbereichs bei PIR-Meldern
Zu Beginn der Planung führen die Raumgeometrien zur Grö-ße des Erfassungsbereichs, die der Melder abdecken muss. Dabei ist auch zu prüfen, ob bei der vorgesehenen Montage auf den Melder zugegangen wird (frontale bzw. radiale An-näherung) oder ob eine Bewegung quer durch aktive Zonen erfolgt (tangentiale Bewegung).

Erfassungsbereich und Richtung der Bewegung

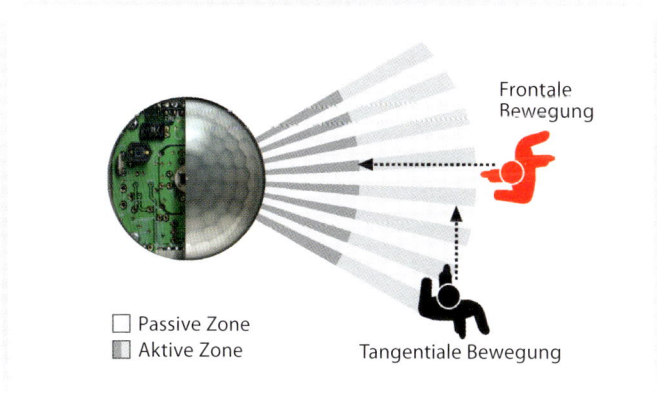

□ Passive Zone
▨ Aktive Zone

Frontale Bewegung

Tangentiale Bewegung

Abb. 57: Bei frontaler Annäherung (rot) schaltet ein PIR-Melder erst in viel näherer Distanz, als wenn die Zonen durchquert werden (schwarz)

Unterschiedliche Distanzen

Bei frontaler Annäherung (rote Person) besteht eine deutlich reduzierte Erfassungsdistanz, wie die Abbildung 59 zeigt. Die unterschiedlichen Erfassungsdistanzen können den jeweiligen Herstellerangaben entnommen werden.

Montagehöhe beeinflusst die Distanzen

Ob an der Decke oder an der Wand montiert – die Montagehöhe hat immer einen Einfluss auf die Erfassungsdistanzen. Beispiel: Ein bestimmtes Meldermodell mit einem Erfassungsbereich von 360° erfasst bei einer Montagehöhe von 3 Metern in einem Durchmesser von 24 Metern Personen, die aktive und passive Zonen durchqueren. Wird derselbe Melder hingegen in 10 Meter Höhe montiert, weitet sich der Durchmesser auf 32 Meter aus.

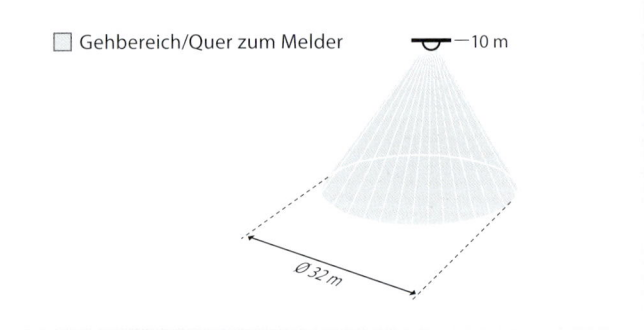

□ Gehbereich/Quer zum Melder ⊸—10 m

Ø 32 m

Abb. 58: *Größere Reichweite, aber kleinere Empfindlichkeit bei steigender Montagehöhe eines Präsenz- und Bewegungsmelders*

Empfindlichkeit wird reduziert

Jedoch ist zu berücksichtigen, dass durch die größere Montagehöhe die Empfindlichkeit reduziert wird, denn mit der größeren Montagehöhe werden auch die Flächen der aktiven und passiven Zonen größer (siehe auch S. 47f.).

Wandmelder

Bei Meldern, die an der Wand montiert sind, durchqueren Personen schnell aktive und passive Zonen und man profitiert dabei von der guten Empfindlichkeit.

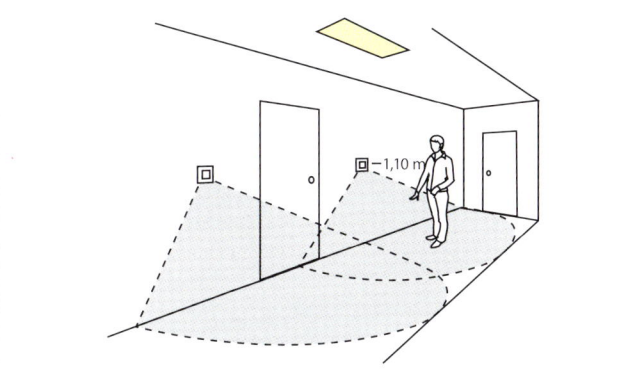

Abb. 59: *Bewegungsmelder, an Wänden montiert*

Es werden jedoch – beispielsweise im Flur – bei der Wandmontage oft mehr Melder benötigt, als wenn Melder an der Decke montiert würden.

Mehr Melder benötigt

Beim Deckenmelder ist allerdings zu berücksichtigen, dass Personen mitunter im Strahlengang auf den Melder zulaufen und der Melder hierbei eine geringere Empfindlichkeit aufweist. Fällt die Entscheidung gegen Wand- und für Deckenmelder, sollten die Deckenmelder dann nicht mittig, sondern seitlich an der Decke im Gang montiert werden. Generell gilt zudem, dass Melder dort installiert werden sollten, wo die „schlechtesten" Lichtwerte gemessen werden können.

Deckenmelder im Gang

Bei Bewegungsmeldern im Außenbereich ist speziell auf die Empfindlichkeit zu achten, da diese sehr von äußeren Einflüssen abhängig sind. Personen, die auf den Melder zugehen, können nur in deutlich reduzierter Entfernung erkannt werden.

Empfindlichkeit im Außenbereich

Die Empfindlichkeit ist im Winter nochmals reduziert (roter Bereich in der folgenden Abbildung), weil die Kleidung die Körperwärmestrahlung abschottet und die Umgebungstem-

Empfindlichkeit im Winter

peratur übernimmt. Bei Personen mit Winterkleidung sendet nur noch das freie Gesicht verwertbare Infrarotstrahlung aus.

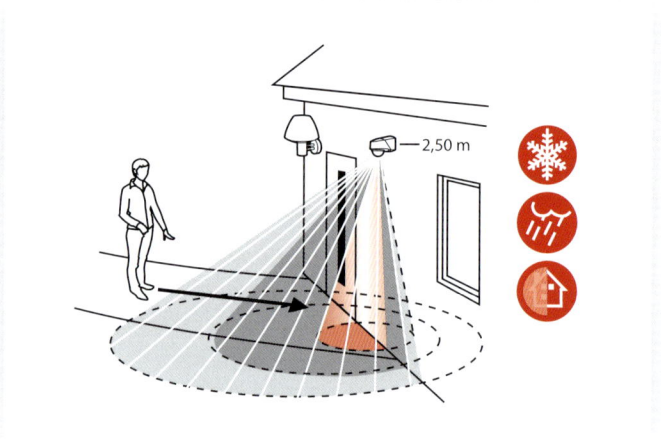

Abb. 60: *Kleinere Empfindlichkeit eines Bewegungsmelders bei Kälte, Regen und Nebel*

Empfindlichkeit bei Nebel und Regen

Die Empfindlichkeit eines Bewegungsmelders im Außenbereich kann auch bei starkem Nebel und Regen deutlich reduziert ausfallen, weil diese die Infrarotstrahlung dämpfen.

Schaltungen beim Einsatz von PIR-Bewegungsmeldern

Vier Schaltungstechniken

Unabhängig vom Einsatzort der Bewegungsmelder kommen vier verschiedene Schaltungstechniken zur Anwendung:

1. Im einfachsten Fall schaltet der Bewegungsmelder eine Leuchte oder auch mehrere Leuchten direkt.
2. In einem größeren Raum oder Treppenhaus können je nach Meldertyp mehrere Bewegungsmelder parallel geschaltet werden.
3. Das Licht lässt sich auch von Hand einschalten. Der mechanische Taster ist der Funktion „Erkennen einer Bewegung" funktionsmäßig parallel geschaltet und führt auf den SP-Eingang.

4. Es kommt auch die Kombination von einem Bewegungs-melder mit einem Treppenlichtautomaten infrage, etwa wenn nach einer Sanierung nur ein Teil der Lichtanlage über Bewegungsmelder gesteuert wird. Dies ist dann der Fall, wenn das Licht im Eingangsbereich des Hauses durch einen Bewegungsmelder eingeschaltet wird, während das Licht an den Wohnungstüren weiter per Taster aktiviert wird. Der Bewegungsmelder arbeitet dabei parallel zum Ausgang des Treppenlichtautomats. Hintergrund: Eine unerwünschte Situation bei der aus-schließlichen Steuerung über mechanische Taster sieht so aus: Eine Person drückt den mechanischen Taster und schaltet so das Licht ein. Eine zweite Person kommt etwas später ins Treppenhaus. Da das Licht schon leuchtet, drückt sie keinen Taster. Ist die Nachlaufzeit abgelaufen, geht plötzlich das Licht aus. Die Person sucht dann im Dunkeln den nächsten Taster. Solche Fälle vermeiden Bewegungsmelder, weil sie bei jeder Erfassung einer Person die Nachlaufzeit erneut starten. Dies erhöht die Sicherheit.

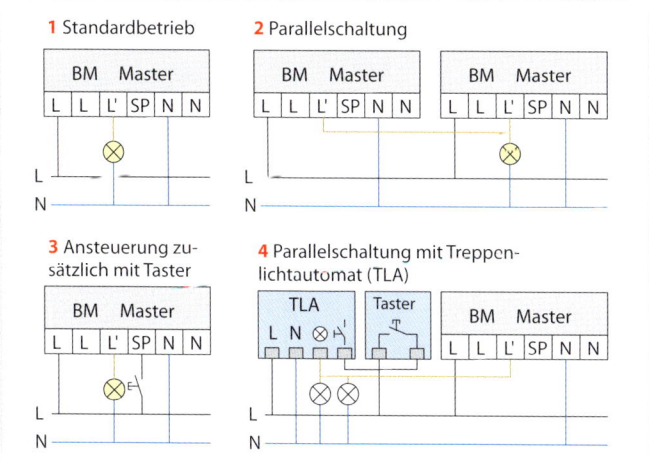

Abb. 61: *Schaltungsvarianten von Bewegungsmeldern*

Beispiele für den Einsatz von PIR-Bewegungsmeldern

Die typischen Einsatzgebiete des Bewegungsmelders wurden schon erwähnt: Es sind Räume mit eher wenig Tageslicht und vergleichsweise großen Bewegungen der zu erkennenden Personen. Wir schauen uns zwei klassische Beispiele an und zeigen, was es zu beachten gilt.

Beispiel 1: Abstellraum, Nische

Solche Räume werden in der Regel nicht besonders oft benutzt und es herrscht meist kein oder wenig Tageslicht. Es besteht die Gefahr, dass das Licht nach der Nutzung nicht ausgeschaltet wird.

Abb. 62: *Anwendungsbeispiel: Nische*

Im Falle eines Neubaus wird ein Decken-Bewegungsmelder eingesetzt.

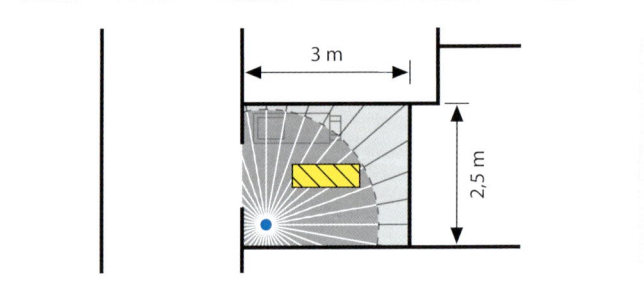

Abb. 63: *Planungsbeispiel: Bewegungsmelder in einem Kopierraum*

Im Falle eines Umbaus mit bereits bestehender Schaltstelle empfehlen wir, einfach den mechanischen Schalter durch einen Wand-Bewegungsmelder zu ersetzen.

Schalter durch Wandmelder ersetzen

Beispiel 2: Treppenhaus

Treppenhäuser und Korridore sind eine ideale Anwendungsmöglichkeit für Bewegungsmelder. Oft gibt es hier nicht genügend Tageslicht, sodass auch tagsüber mit Kunstlicht gearbeitet werden muss.

Kunstlicht im Treppenhaus

Abb. 64: Anwendungsbeispiel: Treppenhaus

In bestehenden Gebäuden wird häufig durch einen der vielen parallel geschalteten Taster das ganze Treppenhaus mittels eines Treppenlichtautomats beleuchtet.

Licht im gesamten Treppenhaus

Licht nur dort, wo es gebraucht wird

Bewegungsmelder können sowohl die Taster als auch den Treppenlichtautomaten ersetzen. Zudem können sie dafür sorgen, dass das Licht nur dort einschaltet, wo es tatsächlich gebraucht wird. Denn für eine Person, die zur Haustür hereinkommt und im Erdgeschoss in die Wohnung geht, genügt es, wenn nur im Erdgeschoss das Licht leuchtet.

Keine Komforteinbuße

Lassen sich die Bewegungsmelder so montieren, dass eine im Treppenhaus gehende Person stets rechtzeitig vor Erreichen des nächsten Stockwerks Licht erhält, ist das die sinnvollste Technik – denn wenn nur das jeweilige Stockwerk beleuchtet ist, wird Energie gespart und die Leuchtmittel werden nur genutzt, wenn sie auch benötigt werden, was sich positiv auf ihre Lebensdauer auswirkt. Eine Komforteinbuße entsteht nicht.

Deckenmontage

Bei der *Deckenmontage* von Bewegungsmeldern empfehlen wir, gemäß der folgenden Abbildung vorzugehen.

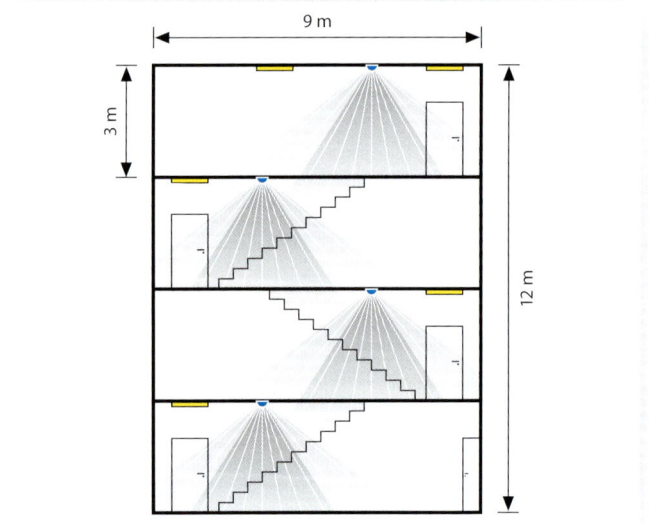

Abb. 65: *Planungsbeispiel: Bewegungsmelder in einem Treppenhaus (Deckenmontage)*

Wichtig ist hier, dass der entsprechende Bewegungsmelder auch eine Person erkennt, die noch auf der Treppe geht, sodass die Leuchte des nächsten Stockwerks bereits vorzeitig einschaltet. Eine Person, die so vom Hauseingang in das dritte Stockwerk läuft, schaltet zuerst die Leuchten im Erdgeschoss und dann nacheinander Stockwerk für Stockwerk ein.

Licht schaltet Stockwerk für Stockwerk

Es gibt auch Bewegungsmelder, die über ein eingebautes Mikrofon verfügen (siehe S. 128). Ihr Einsatz kann bei dieser Anwendung zusätzliche Sicherheit bieten.

Melder mit Mikrofon

Bei der *Wandmontage* der Bewegungsmelder ist eine Situation möglich, wie sie die nächste Abbildung zeigt. Diese Version kommt häufig bei Sanierungen zur Anwendung.

Wandmontage

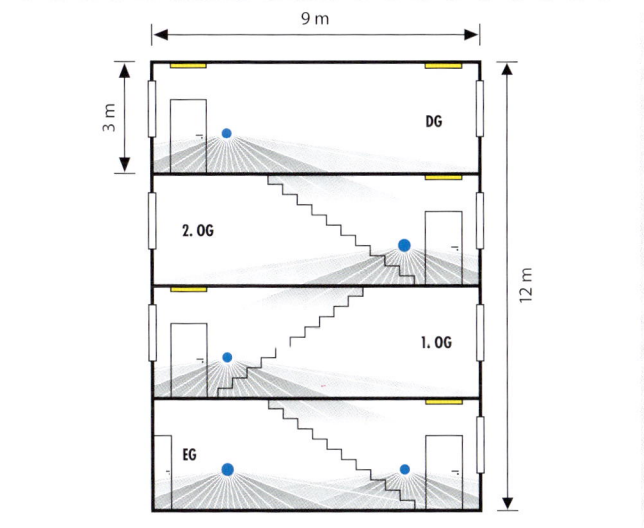

Abb. 66: *Planungsbeispiel: Bewegungsmelder in einem Treppenhaus (Wandmontage)*

Mechanische Taster werden dabei durch Bewegungsmelder ersetzt und parallel geschaltet.

Melder statt Taster

Abb. 67: *Bewegungsmelder für die Wandmontage*

Nachteil   Nachteil: Im ganzen Treppenhaus leuchtet immer gleichzeitig das Licht.

Leitungen besser separieren   Wenn es die Installation erlaubt, ist es sinnvoller, eine Steuerung auszuführen, bei der jeder Bewegungsmelder nur die Leuchten des betreffenden Stockwerks schaltet; jedoch sollten sich die Erfassungsbereiche der Bewegungsmelder überschneiden. Wenn sich also die Leitung zur jeweiligen Stockwerkleuchte separieren und auf jeden zugehörigen Stockwerk-Bewegungsmelder verteilen lässt, wäre diese Lösung zu bevorzugen.

4.3 PIR-Präsenzmelder

Auf den folgenden Seiten erfahren Sie:

- praxisrelevante Unterschiede von Präsenzmeldern im Vergleich zu Bewegungsmeldern
- welche Schaltungstechniken zur Anwendung kommen
- wie Beispiele für den konkreten Einsatz in der Praxis aussehen

Wie beim Bewegungsmelder gibt es auch beim Präsenzmelder zwei richtungsabhängige Erfassungsbereiche: **Zwei Erfassungsbereiche**

- Bewegungen frontal zum Melder (radial)
- Bewegungen quer zum Melder (tangential)

Bei der Festlegung der Erfassungsbereiche gelten die Hinweise, die auf den Seiten 111ff. gegeben wurden. Im Vergleich zum Bewegungsmelder wird beim Präsenzmelder zusätzlich der Arbeitsbereich unterschieden (siehe Abbildung). In diesem nochmals verkleinerten roten Arbeitsbereich werden vom Präsenzmelder auch kleinste Bewegungen einer sitzenden Person erfasst. Dazu zählen beispielsweise Handbewegungen beim Bedienen einer Tastatur. **Zusätzlich gibt es den Arbeitsbereich**

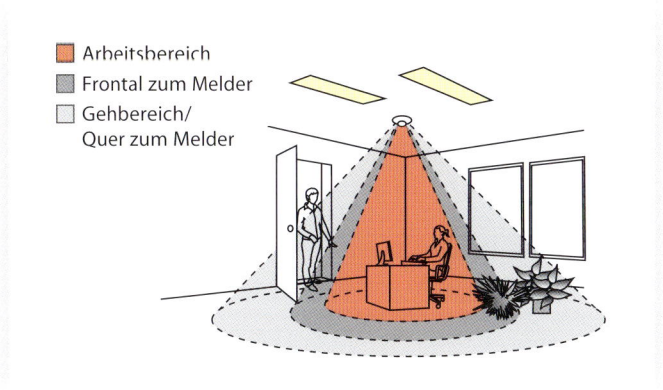

Abb. 68: *Erfassungsbereiche eines Präsenzmelders*

Für Präsenzmelder gilt im Vergleich mit Bewegungsmeldern aus unserer Sicht grundsätzlich:

- Sie reagieren bereits auf kleinste Bewegungen sitzender Personen (Präsenz).
- Sie werden in Räumlichkeiten mit ausreichend Tageslichtanteil bzw. längerer Nutzung eingesetzt.
- Sie verfügen über eine Mischlichtmessung. Dabei werden die Anteile von Tageslicht und Kunstlicht gemessen. Ist die Umgebungshelligkeit nicht ausreichend (Umgebungslicht liegt unterhalb des am Melder voreingestellten Lichtwertes) und es wird Bewegung im Erfassungsbereich erkannt, wird Kunstlicht eingeschaltet bzw. zugeschaltet. Nach dem Einschalten bleibt die Lichtmessung aktiv. Dadurch kann bei ausreichendem Tageslichtanteil das Kunstlicht trotz Bewegung ausgeschaltet werden.
- Die Schaltkanäle für die Beleuchtung werden in Abhängigkeit von Tageslichtanteil und Anwesenheit geschaltet. Ein spezieller HLK-Schaltkanal (HLK = Heizung, Lüftung, Klima) wird nur nach Anwesenheit geschaltet.
- Präsenzmelder können auch über eine 1...10-VDC-Schnittstelle für eine Konstantlichtregelung verfügen.

Schaltungen beim Einsatz von PIR-Präsenzmeldern

Im Vergleich zu Bewegungsmeldern gibt es bei Präsenzmeldern eine größere Zahl sinnvoller Schaltungen. Die höhere Vielfalt ergibt sich durch die technischen Möglichkeiten, die die Präsenzmelder eröffnen. Präsenzmelder können beispielsweise

- das Licht schalten
- eine Konstantlichtregelung ermöglichen
- auch die Heizung, Lüftung oder Klimaanlage mit einbeziehen

Wir zeigen an dieser Stelle vier typische Beispiele aus der Praxis.

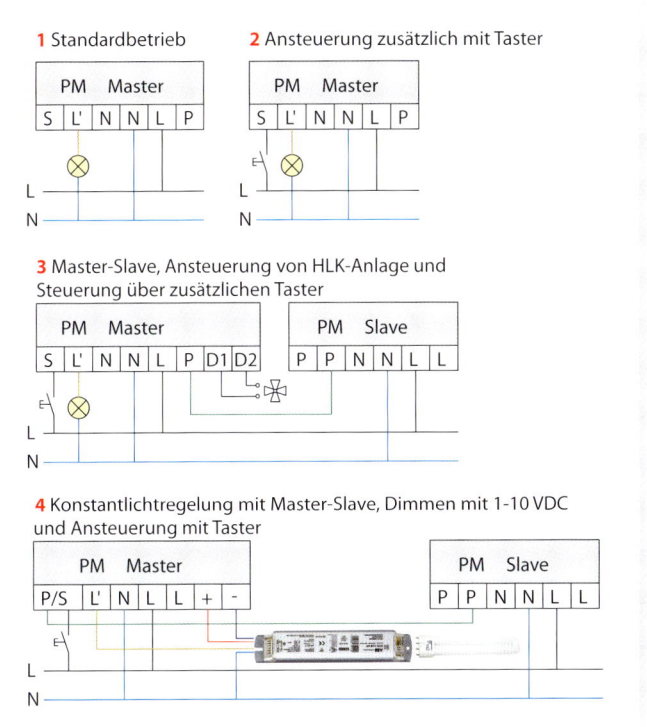

1 Standardbetrieb

PM	Master				
S	L'	N	N	L	P

L
N

2 Ansteuerung zusätzlich mit Taster

PM	Master				
S	L'	N	N	L	P

L
N

3 Master-Slave, Ansteuerung von HLK-Anlage und Steuerung über zusätzlichen Taster

PM	Master						
S	L'	N	N	L	P	D1	D2

PM	Slave				
P	P	N	N	L	L

L
N

4 Konstantlichtregelung mit Master-Slave, Dimmen mit 1-10 VDC und Ansteuerung mit Taster

PM	Master					
P/S	L'	N	L	L	+	-

PM	Slave				
P	P	N	N	L	L

L
N

Abb. 69: *Schaltungen von Bewegungsmeldern*

1. Der Präsenzmelder schaltet eine oder mehrere Leuchten in einer Eingangshalle. Anders als der Bewegungsmelder schaltet er bei genügender Helligkeit immer aus, auch wenn Bewegungen vorhanden sind.

   Ein- und Ausschalten

2. Bei Präsenzmeldern ist die Vorgabe möglich, dass die Einschaltung nur von Hand, also per Taster erfolgen kann. Das Ausschalten der Beleuchtung übernimmt dann der Präsenzmelder, sobald er keine Bewegungen mehr wahrnimmt oder es ausreichend hell ist.

   Einschalten von Hand, Ausschalten per Automatik: Halbautomatik

3. Neben dem Licht schaltet hier der Präsenzmelder auch die Heizung bzw. Klimaanlage ein und aus. Diese Schaltung ist typisch für ein Büro oder Schulzimmer. Die

   Licht, Heizung, Klimaanlage

HLK-Funktion ist im Gegensatz zur Lichtfunktion nur präsenzabhängig, die Helligkeit spielt keine Rolle. Beispielsweise lässt sich die Ventilation einer Toilette über diesen Kanal mit separat einstellbarer Nachlaufzeit steuern.

Konstantlichtregelung

4. Diese Schaltung ist ebenfalls typisch für ein Schulzimmer oder auch für ein größeres Büro. Im Gegensatz zur Version 3 wird hier eine Konstantlichtregelung realisiert. Der Master schaltet einerseits das Vorschaltgerät ein und aus, andererseits steuert er die Helligkeit der Leuchte stufenlos von etwa 10...100 Prozent über die 1...10-VDC-Schnittstelle. Der Slave-Melder kommt auch hier nur dann zum Einsatz, wenn der Master nicht den gesamten Raum zur Bewegungserkennung abdecken kann. In einem Schulzimmer oder größeren Büro ist dies häufig der Fall.

Master-Slave-Schaltung

Vergrößerung des Erfassungsbereichs

Slave-Geräte haben die Aufgabe, die Präsenzerfassung des Masters zu vergrößern. Reicht der Erfassungsbereich eines Master-Präsenzmelders also nicht aus, kann dieser durch Slave-Geräte erweitert werden. Sie liefern dem Master bei Bewegungserkennung einen Impuls.

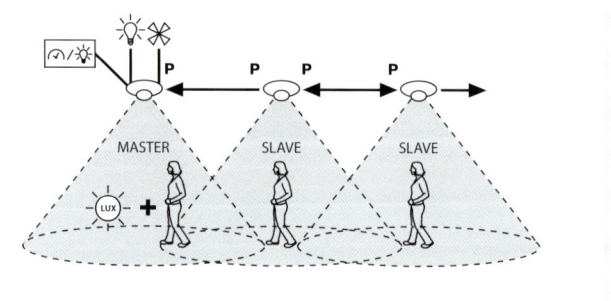

Abb. 70: *Master-Slave-Schaltung*

Slave-Geräte haben meist keine Einstellmöglichkeiten. Vorgaben für die Nachlaufzeit und Lichtmessung werden dann ausschließlich beim Master-Gerät eingestellt. Slave-Geräte eignen sich für den Einsatz in größeren Büros, Sitzungszimmern, Schulzimmern, Fluren und Aufenthaltsräumen.

Keine Einstellmöglichkeiten

Es ist bei der Planung einer Master-Slave-Schaltung zu beachten, den Master dort zu positionieren, wo die „schlechtesten" Lichtverhältnisse vorherrschen. Zudem ist es wichtig, dass beispielsweise in einem Büro nicht zu große Bereiche gleichzeitig geschaltet werden. Ein Großraumbüro sollte beim Neubau und auch bei einer Sanierung in autonome Bereiche eingeteilt werden, deren Beleuchtung jeweils von einem Präsenzmelder gesteuert wird. Nur dann werden die Möglichkeiten der Energieeinsparung auch wirklich genutzt.

Autonome Bereiche schalten

Manuelles Eingreifen

Trotz energiesparender, sicherer und komfortabler Automatik möchte der Benutzer manchmal direkt in den Schaltprozess eingreifen. Für diesen Zweck ist bei vielen Meldern ein separater Eingang vorhanden, der das manuelle Ein- und Ausschalten der Beleuchtung über einen Taster ermöglicht. Der Tastereingang dient zur Aktivierung der Präsenzmelder, welche im Halbautomatikbetrieb arbeiten. In diesem Modus schaltet das Licht nic automatisch ein, sondern es muss immer über einen Taster eingeschaltet werden. Die Abschaltung hingegen ist immer automatisch und erfolgt bei fehlender Bewegung oder genügend Tageslicht. Diese Funktion findet oft in Schulen, Büros oder Hotelzimmern Anwendung.

Von Hand eingreifen

Einsatz in der Gebäudeautomation

Präsenz- und auch Bewegungsmelder lassen sich auch an SPS (Speicherprogrammierbare Steuerungen) anbinden. Weil die Signalverarbeitung in diesem Fall von der SPS übernommen wird, ist der Präsenz- und Bewegungsmelder so parametriert,

Nur einen Impuls liefern

dass er der SPS nur einen Impuls liefert. Zur Einbindung in Bussysteme wie KNX (früher EIB) oder LON werden spezielle Meldermodelle angeboten.

Größerer Funktionsumfang

Häufig verfügen busfähige Melder über einen größeren Funktionsumfang als konventionelle Geräte. So lassen sich zum Beispiel der Helligkeitswert auslesen und damit auch Jalousien bzw. Markisen ansteuern.

Funktionen von Busgeräten

Eine Auswahl von zurzeit üblichen Funktionen von Geräten mit Busankopplung stellt folgende Aufzählung dar:

- Voll- oder Halbautomatik
- Optionales Orientierungslicht, je nach Produkt 10…50 %
- Szenen
- Beschattungsansteuerung
- Tastereingang
- HLK-Kanal
- Konstantlichtregelung (1…10 V oder DALI)
- Bus: In Verbindung mit 1-10-V-Dimmaktoren

Die blau markierten Funktionen bieten auch aktuelle ESYLUX-Präsenzmelder mit 230-V-Stromversorgung.

Beispiele für den Einsatz von PIR-Präsenzmeldern

Größeres Einsatzspektrum

PIR-Präsenzmelder erlauben ein wesentlich größeres Einsatzspektrum als Bewegungsmelder. Im Folgenden werden vier Beispiele beschrieben, welche die Vielfalt der Möglichkeiten andeuten.

Beispiel 1: Klassenzimmer

Zwei Lichtbänder sowie Tafelbeleuchtung

Die zwei Lichtbänder im Raum sollen tageslicht- und anwesenheitsabhängig automatisch geregelt werden. Die Tafelbeleuchtung soll über den Präsenzmelder geschaltet werden. Der Präsenzmelder an der Decke ist in der Lage, das ganze Schulzimmer auf Bewegungen zu kontrollieren. Durch den Einsatz des ausgewählten Melders wird die Beleuchtung bei unterschrittenem Lichtwert und erkannter Bewegung automatisch zugeschaltet. Die tageslichtabhängige Regelung ist dabei mit zwei unterschiedlichen Lichtwerten möglich, das heißt, das fensterseitige und das rauminnenseitige Lichtband werden je nach Lichtbedarf unterschiedlich ausgeregelt.

Abb. 71: *Anwendungsbeispiel: Klassenzimmer*

Die Beleuchtung wird durch die Konstantlichtregelung auf das gewünschte Lichtniveau ausgesteuert. Durch zwei zusätzliche Taster können die Lichtbänder jederzeit manuell übersteuert werden. Die Tafelbeleuchtung wird über einen dritten Taster am Präsenzmelder geschaltet; dieser Kontakt arbeitet nur präsenzabhängig.

Konstantlichtregelung

Beispiel 2: Toilettenanlage

Die Beleuchtung und Belüftung soll anwesenheitsabhängig automatisch geschaltet werden. Es kommen hier Präsenzmelder zum Einsatz, die über einen Ausgang verfügen, der auch die Lüftung ansteuern kann.

Steuern von Licht und Belüftung

Ein Präsenzmelder erfasst bereits im Vorraum Personen und schaltet bei erkannter Bewegung automatisch das Licht ein.

Master-Slave-Schaltung Weil hier kein Tageslicht einfällt, ist Kunstlicht in jedem Fall zwingend. Der Toilettenbereich wird durch einen Master-Melder und zwei Slave-Melder komplett abgedeckt. Die Lüftung wird präsenzabhängig über den HLK-Kanal eingeschaltet. Nach Verlassen des Raumes werden Beleuchtung und Lüftung – je nach eingestellter Nachlaufzeit – ausgeschaltet.

Abb. 72: Anwendungsbeispiel: Toilettenanlage

Nicht parallel schalten Es ist hierbei zu beachten, dass Präsenzmelder im Gegensatz zu Bewegungsmeldern nicht parallel geschaltet werden dürfen. Kann ein Master-Melder einen Bereich nicht vollständig abdecken, sind zwingend Slave-Melder als Ergänzung notwendig.

Kombination von Präsenz- und Geräuschmelder

Der kombinierte Präsenz- und Geräuschmelder erfasst nicht nur Bewegungen im Erfassungsbereich, sondern zusätzlich auch die Geräusche im Raum. Die Einschaltung erfolgt jedoch immer nur durch Bewegung und wenn der eingestellte Helligkeitswert unterschritten wird. Das Licht bleibt aber so lange eingeschaltet, wie Bewegungen oder Geräusche erfasst werden.

Nach dem Ausschalten ist für eine kurze Dauer ein Wiedereinschalten auch durch Geräusche möglich. Danach ist der Melder wieder im Automatikmodus und es muss für die Einschaltung erst wieder eine Bewegung bei unterschrittenem Helligkeitswert erfolgen. Dieses Verhalten verhindert ein ungewolltes Einschalten der Beleuchtung durch Fremdgeräusche, macht es aber möglich, dass das Licht beispielsweise in Toiletten auch durch ein Geräusch wieder aktiviert werden kann, sollte es abschalten.

Der Vorteil dieses Meldertyps besteht darin, dass der Präsenzmelder nicht den gesamten zu überwachenden Bereich abdecken muss. Zum Beispiel lässt sich eine Toilettenanlage mit mehreren abgeschlossenen WC-Kabinen mit einem Melder im Eingangsbereich abdecken. Der Präsenz- und Geräuschmelder kann in passenden Räumlichkeiten somit eine Alternative zu Master-Slave-Schaltungen darstellen.

Beispiel 3: Bibliothek

Großraumbüros, Schulzimmer, Konferenzzimmer oder in diesem Fall eine Bibliothek sind klassische Anwendungsbereiche für Präsenzmelder, die auch eine Dimmung der Leuchten erlauben. Dabei wird die Beleuchtung tageslicht- und anwesenheitsabhängig automatisch gesteuert und geregelt.

Automatische Steuerung und Regelung

In der Bibliothek dieses Beispiels sollen die Leuchten in den einzelnen Regalgängen automatisch auf 10 Prozent Grundbeleuchtung dimmen, wenn keine Anwesenheit mehr erkannt wird. Die Dimmung ist hier ein *Steuervorgang*.

Steuervorgang

Dimmen und Ausschalten In jedem Regalgang und oberhalb jeder Sitzgruppe wird ein Master-Präsenzmelder eingesetzt. Bei unterschrittenem Lichtwert und erkannter Bewegung schaltet die Beleuchtung auf 100 Prozent im betreffenden Bereich ein. Wird keine Bewegung mehr erkannt, schaltet die Beleuchtung in den Regalgängen und der Sitzgruppe nach Ablauf der Nachlaufzeit für eine Stunde auf eine Grundbeleuchtung von 10 Prozent. Wird während dieser Nachlaufzeit keine Bewegung mehr erfasst, schaltet die Beleuchtung ganz aus.

Abb. 73: *Anwendungsbeispiel: Bibliothek*

Regelvorgang In Schulzimmern und Großraumbüros oder Konferenzzimmern kann noch ein Schritt weiter gegangen und eine Konstantlichtregelung eingesetzt werden. Dabei wird das Kunstlicht ständig so geregelt, dass am Arbeitsplatz die Summe aus Tages- und Kunstlicht die Beleuchtungsstärke in etwa konstant halten. Die Dimmung ist in diesem Fall ein *Regelvorgang,* weil die Summe aus Tages- und Kunstlicht ständig gemessen wird und die Lichtleistung der Leuchten aufgrund dieser Messung erhöht oder verringert wird. Für eine zusätzliche Energieeinsparung wird die Klimaanlage automatisch nur bei Anwesenheit von Personen zugeschaltet.

Beispiel 4: Präsenzmelder mit KNX-Schnittstelle

Mit Präsenzmeldern auf Busbasis erweitert sich das Funktionsspektrum. Der Helligkeitswert lässt sich auslesen und kann auch anderen Systemen wie der Markisen- oder Jalousiensteuerung zur Verfügung gestellt werden.

Helligkeitswert auslesen

Die zusätzlichen Möglichkeiten, die sich mit einem Bussystem ergeben, seien am Beispiel einer Szenensteuerung erwähnt, die etwa in Schulungs- oder Konferenzräumen zum Einsatz gelangt:

Szenensteuerung

- Ein Film soll über einen Beamer gezeigt werden. Der Knopfdruck am Szenensteuergerät veranlasst, dass die Soundanlage und der Beamer eingeschaltet werden. Bevor der Film startet, werden die Jalousien geschlossen und das Licht langsam runtergedimmt.
- Ist der Film zu Ende, wird das Licht per Knopfdruck am Szenensteuergerät wieder auf 100 Prozent gefahren, während gleichzeitig die Jalousien angesteuert sowie Soundanlage und Beamer ausgeschaltet werden.

Abb. 74: *Anwendungsbeispiel: Konferenzsaal*

Einbindung in die HLK-Steuerung	Bei solchen Anwendungen wird der Präsenzmelder immer auch in die HLK-Steuerung eingebunden. Er ist zuständig für die Meldung der Präsenz im Raum – unabhängig davon, wie hell es ist. Somit wird beispielsweise die HLK-Steuerung die Klimaanlage deaktivieren, wenn ein Raum unbesetzt ist.
Kein integriertes Relais	Der KNX-Präsenzmelder verfügt über keine integrierten Relais, er arbeitet als reiner Sensor und liefert seine Messwerte über einen Busankoppler – der auch oft im Melder integriert ist – direkt an Aktoren oder eine übergeordnete Steuerung.

4.4 Auf was ist beim Einsatz von Meldern auf Infrarotbasis zu achten?

Rahmenbedingungen beachten	Für einen wunschgemäßen Betrieb ist es nötig, die relevanten Rahmenbedingungen bei der Auswahl der Technik wie auch des konkreten Gerätes zu beachten. Daneben sind grundsätzliche Montage- und Installations-Richtlinien zu befolgen.
Wichtige Voraussetzungen	Die wichtigsten Voraussetzungen für den erfolgreichen Einsatz der PIR-Melder sind gegeben, wenn

- die Hinweise des Herstellers für die *Montagehöhe* eingehalten werden
- die *Erfassungsbereiche* des Melders für tangentiale und radiale (frontale) Annäherung zum Melder ausreicht
- *freie Sicht* auf die zu erfassenden Personen gewährleistet ist
- *räumliche Bedingungen* wie Reflexionen, Wandfarben und Beschallungssysteme berücksichtigt werden

Fragen und Antworten	In den Handbüchern führender Hersteller – wie beispielsweise dem Projektierungs-Handbuch von ESYLUX – sind Fragen aufgelistet, die bei Problemen helfen, die Lösung zu finden. In diesem Buch zeigen wir eine Auswahl möglicher Fehlfunktionen und ihre Lösungen.

Licht ist dauernd eingeschaltet

Mögliche Ursache
Wärmequellen wie Glühlampen oder Halogenlampen dürfen sich nicht zu nahe beim Melder befinden. Beim Ausschalten entsteht eine Veränderung im Wärmebild. Starke Signale werden von manchen Präsenzmeldern als Bewegung gedeutet. Das Licht schaltet sich daher in einem unbelegten Raum zwar aus, aber gleich anschließend wieder ein.

Wärmequellen im Erfassungsbereich

Abb. 75: *Wärmestrahlung von Halogenlampen*

Lösung
Montieren Sie den Melder weit genug vom Halogenstrahler entfernt und achten Sie darauf, dass die Wärmestrahlung des Halogenstrahlers nicht direkt auf den Melder fällt.

Weit genug entfernt montieren

Schaltung der Hochdruckentladungslampen funktioniert mit Präsenz- oder Bewegungsmelder nicht richtig

Mögliche Ursache

Lange Anlaufzeit, reduzierte Lebenserwartung

Hochdruckentladungslampen eignen sich nicht sehr gut für das Schalten mit Meldern gleich welcher Art. Die von ihnen abgegebene Strahlung enthält einen recht hohen Infrarotanteil. Je nach Leuchtmittel gibt es zudem nach der Zündung (Einschaltung der Lampe) eine lange Anlaufzeit, bis die Leuchte ihre volle Lichtleistung erzielt. Bei Hochdrucklampen reduziert sich außerdem die Lebenserwartung deutlich, wenn sie häufig ein- und ausgeschaltet werden. Hingegen vertragen LED-Systeme sowie hochwertige Sparlampen häufiges Schalten problemlos.

Abb. 76: *Beispiel für einen Scheinwerfer auf LED-Basis*

Lösung

LED-Technik verwenden

Verwenden Sie LED-Leuchten oder qualitativ hochwertige Leuchtstofflampen. Beispielsweise beträgt die Systemlebensdauer in den Außenstrahlern von ESYLUX unter Berücksichtigung von Leistungsreserven 50.000 Stunden.

Kopierer, Faxgeräte und Drucker lösen unerwünschte Lichteinschaltung aus

Mögliche Ursache

Geräte, die Thermopapier bedrucken oder Typen auf Laser-basis werfen warme Blätter aus. Dies interpretiert ein emp-findlicher Präsenzmelder als Bewegung und schaltet das Licht ein.

Warme Blätter

Abb. 77: *Wärmestrahlung durch Faxgeräte und Kopierer*

Lösung

Der Blattauswurf darf keine Sichtverbindung zum Präsenz-melder aufweisen. Daher hilft hier das Aufstellen an einer an-deren Position oder das Aufstellen einer mobilen Wand bzw. Glaswand, die zwischen die Geräte und den Präsenzmelder gestellt wird. Kopierer, Faxgeräte und Drucker auf Tinten-basis werfen keine warmen Blätter aus, sind also unkritisch.

Sichtverbindung unterbrechen

Licht schaltet immer wieder ein, obwohl sich niemand im Raum aufhält und keine Drucker, Faxgeräte oder Leuchten im Spiel sind

Mögliche Ursache

Irritationen durch Luftwirbel und warme Düsen

Die Klimaanlage bläst kalte oder die Heizung warme Luft aus. Die Luftverwirbelungen oder die Erwärmung der Luftaustrittsdüse können empfindliche Präsenzmelder irritieren.

Abb. 78: Warmluftströmungen über Luftauslässe können stören

Lösung

Keine Sichtverbindung

Der Luftaustritt darf keine Ausrittsdüse erwärmen oder abkühlen, die Sichtverbindung zum Präsenzmelder hat.

Ein Büroarbeitsplatz ist hinter einer Glasscheibe einge-richtet, der Präsenzmelder erfasst aber Personen nicht

Mögliche Ursache

Infrarotstrahlung im Bereich 7...30 µm geht fast ungehindert durch Luft. Hingegen ist die Dämpfung von gewöhnlichem Fensterglas so groß, dass ein Präsenz- oder Bewegungsmel-der nicht funktionieren kann. Glaswände müssen also als undurchlässig betrachtet werden. Dagegen lässt die Linse aus Kunststoff, die für normales Licht nicht einmal transpa-rent ist, fernes Infrarot (7.. 30 µm) aufgrund der molekularen Zusammensetzung des Kunststoffes ohne große Dämpfung durch.

Glaswände dämpfen die Strahlung

Abb. 79: *Glaswand ist für Wärmestrahlung undurchlässig*

Lösung

Es muss vor und hinter einer Glaswand je ein Präsenz- oder Bewegungsmelder montiert sein.

Weiteren Melder montieren

Das Licht schaltet nach zu kurzer Zeit wieder aus

Mögliche Ursache

Nachlaufzeit, Empfindlichkeit
Die Nachlaufzeit ist zu kurz oder es wurde ein Melder mit zu geringer Empfindlichkeit verwendet.

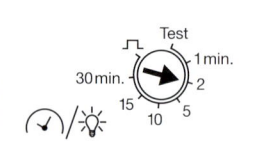

Abb. 80: *Nachlaufzeit für das Licht nicht zu klein einstellen*

Lösung

Nachlaufzeit verlängern
Verlängern Sie die Nachlaufzeit. Dann schaltet die Beleuchtung nicht aus, auch wenn eine am Bürotisch konzentriert arbeitende Person während langer Zeit kaum Bewegungen ausführt.

Empfindlichkeit vergrößern
Verfügt der Sensor über äußerst kleine Schaltzonen, reagiert er auch auf sehr kleine Bewegungen. Damit darf die Nachlaufzeit kürzer sein als bei einem Sensor, der an der Grenze der Empfindlichkeit arbeitet und größerer Bewegungen bedarf, damit er die Nachlaufzeit wieder aktiviert.

Akustiksensor nutzen
In Treppenhäusern oder in Toiletten sollte der Melder zusätzlich über einen Akustiksensor verfügen.

Abb. 81: *Gerät mit integriertem Akustiksensor nutzen*

Ohne Personen im Raum wird Bewegung erkannt

Mögliche Ursache

Pflanzen, die durch Luftzug bewegt werden, können von empfindlichen Präsenzmeldern bereits als Bewegungen interpretiert werden. Haustiere werden von vielen Präsenz- und Bewegungsmeldern wie Personen erkannt.

Fehlinterpretationen

Abb. 82: Bewegungen von Haustieren

Lösung

Sollen Haustiere keine Lichteinschaltungen verursachen, dürfen sie sich in Räumen mit Bewegungs- und Präsenzmeldern bei Abwesenheit von Personen nicht aufhalten.

Haustiere aus dem Raum nehmen

Gewitter oder Funkanlangen schalten Leuchten ein

Mögliche Ursache

Extreme elektrische Felder Präsenz- und Bewegungsmelder verfügen im Sensorbereich über eine hochempfindliche Elektronik. Diese kann durch extreme elektrische Felder während Gewittern oder durch leistungsstarke Funkgeräte Fehlschaltungen auslösen.

Verstärkt tritt dieses Phänomen bei der Parallelschaltung mehrerer Melder auf.

Abb. 83: *Störungen durch extreme elektrische Felder*

Lösung

Akzeptieren oder ausschalten Hier könnten hochwertige Leitungen (Schirmung) helfen. Akzeptieren Sie das Phänomen andernfalls oder schalten Sie den Melder aus.

Das Licht schaltet gar nicht ein

Mögliche Ursache
Der Dämmerungswert ist viel zu tief eingestellt.

Dämmerungswert zu tief

Abb. 84: *Unangemessen eingestellter Dämmerungswert in einer bestimmten Raumsituation*

Lösung
Stellen Sie den Dämmerungswert mit der Fernbedienung oder an der Stellschraube richtig ein.

Dämmerungswert korrekt

Abb. 85: *Angemessen eingestellter Dämmerungswert in einer bestimmten Raumsituation*

Man muss das Licht von Hand einschalten, es schaltet nur automatisch aus

Mögliche Ursache

Normal bei Halbautomatik
Dies ist ein normales Verhalten bei Präsenzmeldern, wenn die Steuerung auf Halbautomatik eingestellt ist: Bei Halbautomatik wird das Licht *immer* von Hand eingeschaltet, der Präsenzmelder schaltet es bei fehlender Bewegung aus.

Abb. 86: *Einschalten von Hand bei Halbautomatik*

Lösung

Auf Vollautomatik parametrieren
Wenn keine Halbautomatik gewünscht ist, parametrieren Sie den Präsenzmelder auf Vollautomatik.

Der Melder sollte Personen in einem bestimmten Bereich nicht erfassen

Mögliche Ursache

Der Melder verfügt über einen zu großen Erfassungsbereich.

Erfassungsbereich zu groß

Lösung

Verändern Sie bei einem Wandmelder den Neigungswinkel oder beschränken Sie den Erfassungsbereich des Melders mit einer Blende bzw. Abdeckung (Linsenmaske) innerhalb der Linse.

Erfassungsbereich beschränken

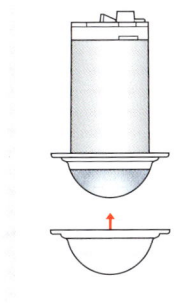

Abb. 87: *Einschränkung des Erfassungsbereichs mit Linsenmaske*

Die Beschränkung des Erfassungsbereichs ist beispielsweise bei Eingängen von Wohn- und Geschäftshäusern sinnvoll – nämlich dann, wenn nahe der Haustüre ein Gehweg ist. Dann werden nur Personen erfasst, die sich auch tatsächlich dem Haus nähern, und nicht die, die auf der nahen Straße am Grundstück vorbeigehen. Durch Beschränkung des Erfassungsbereichs treffen Infrarotstrahlen nur noch aus genau definierten Richtungen auf den pyroelektrischen Kristall.

Die Bewegungen werden wie gewünscht erfasst

Licht ist eingeschaltet, obwohl das Tageslicht ausreicht

Mögliche Ursache

Bewegungsmelder statt Präsenzmelder
Statt eines Präsenzmelders ist ein Bewegungsmelder im Einsatz, der ständig Bewegungen feststellt und deshalb das Licht nicht ausschaltet.

Abb. 88: *Permanente Bewegungen im Erfassungsbereich*

Lösung

Präsenzmelder einsetzen
In solchen Fällen *muss* ein Präsenzmelder installiert sein, denn bei diesem ist die Lichtmessung immer aktiv. Ein Bewegungsmelder hingegen schaltet ein, wenn er Bewegung und zu tiefe Helligkeit feststellt. Hat er das Licht einmal eingeschaltet, ist die Helligkeitsmessung deaktiviert, er verlängert die Nachlaufzeit ständig, solange er Bewegung erfasst.

Bei einem Fest oder während einer Bauphase ist Dauerlicht gewünscht, der Bewegungsmelder schaltet aber immer wieder aus

Mögliche Ursache

Ist die Nachlaufzeit abgelaufen, schaltet der Bewegungs-melder aus, auch wenn dies nicht gewünscht ist.

Nachlaufzeit abgelaufen

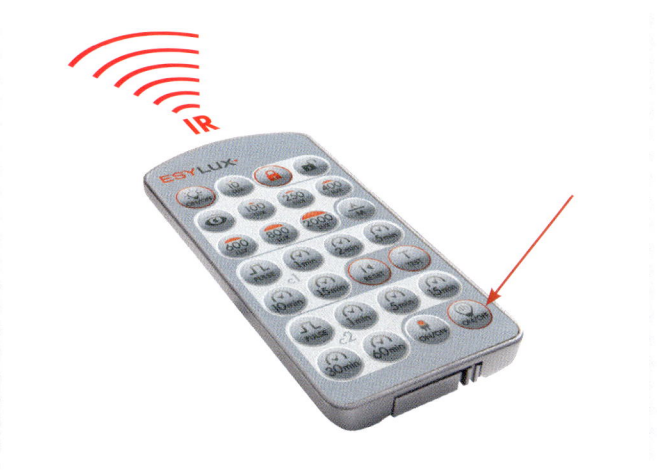

Abb. 89: *Dauerlicht per Fernbedienung einschalten*

Lösung

Schalten Sie das Licht von Hand mit einer Infrarotfernsteue-rung ein. Es bleibt in diesem Fall je nach Modell beispielsweise für vier Stunden dauernd eingeschaltet, kann aber natürlich über die Fernsteuerung auch wieder ausgeschaltet werden. Bei Bedarf lässt sich auch die Nachlaufzeit verlängern.

Per Fernbedienung einschalten

Weitere Praxistipps im Überblick

Im Folgenden finden Sie weitere Tipps für Situationen und Zusammenhänge, die in der Praxis häufig anzutreffen sind.

■ *Schalthäufigkeit*

Lebenserwartung verringert sich

Die Lebenserwartung bestimmter Leuchtmittel ist abhängig von der Schalthäufigkeit und vom Typ des Vorschaltgeräts: Bei Leuchtstofflampen mit Glimmstarter oder Kaltstart-EVG verringert sich die Lebenserwartung mit jedem Schaltvorgang. Eine preisgünstige Energiesparlampe ist nach etwa 10.000 Ein-/Aus-Schaltungen defekt.

Schaltfeste Leuchtmittel nutzen

Tipp: Setzen Sie Leuchtmittel ein, deren Lebenserwartung durch häufiges Schalten kaum oder gar nicht beeinträchtigt wird. Bei schaltfesten Energiesparlampen verringert sich die Lebenserwartung durch häufiges Schalten nur wenig. Bei LED-Leuchtmitteln spielt die Anzahl der Ein-/Aus-Schaltungen gar keine Rolle mehr.

■ *Tageslichtanpassung*

Manuelles Ausschalten

In Räumen mit Tageslicht wird das Kunstlicht von Hand kaum ausgeschaltet oder gedimmt, wenn ausreichend Tageslicht vorhanden ist.

Automatik nutzen

Tipp: Eine Automatik bei der Beleuchtung sowie bei der Heizung, Lüftung und Klimasteuerung spart bis zu 70 Prozent der Energiekosten. Bei Neuanlagen rentiert sich eine vollautomatische Regelung daher bereits nach kurzer Zeit; bei bestehenden Anlagen dauert es in der Regel etwas länger.

■ *Tageslichtnutzung*

Tageslicht nutzen

Mit Markisen, Lamellenvorhängen oder Vordächern kann das Tageslicht ohne Blendung und Sommerhitze genutzt werden.

Heller Anstrich unterstützt

Tipp: Ein heller Anstrich der Wände und Decken unterstützt die Nutzung des Tageslichts ebenfalls.

- *Schaltung*

  In einem großen Raum sollte die Beleuchtung in schalt-baren oder dimmbaren Gruppen erfolgen.

  Gruppen bilden

  Tipp: Eine Unterteilung in eine Fenster- und Wand-gruppe sollte das Minimum darstellen.

  Mindestens Fenster- und Wandseite

- *Wartung*

  Verschmutzte Leuchtstofflampen und Reflektoren füh-ren zu einer Reduktion der Lichtausbeute von bis zu 30 Prozent. Dies ist abhängig von der Raumnutzung und den Umgebungseinflüssen.

  Reduzierte Lichtausbeute durch Schmutz

  Tipp: Wenn möglich sollten die Leuchtmittel und die Reflektoren regelmäßig von Staub und sonstigen Ver-schmutzungen befreit werden.

  Regelmäßig reinigen

- *Art der Leuchtmittel*

  Bei konventionellen Leuchtstofflampen erreichen T5 mit 16 mm Durchmesser und elektronischen Vorschalt-geräten (EVG) die höchste Lichtausbeute. Modernste LED-Leuchten sind sogar noch besser (siehe S. 99f.).

  Leuchtmittel mit hoher Lichtausbeute nutzen

  Tipp: Eine Leuchtstofflampe mit R_a = 80 hat eine bessere Lichtausbeute als eine mit mehr als R_a = 90 (alte Be-zeichnung „Deluxe"). Bei LED-Systemen haben Typen mit 4.000 K (Kaltweiß) eine bessere Lichtausbeute als solche mit 2.700 K (Warmweiß).

  Kaltweiß statt warmweiß

- *Vorschaltgeräte*

  Für gedimmte Leuchtstofflampen kommen nur elektro-nische Vorschaltgeräte mit einer 1...10-V-Schnittstelle oder solche mit DALI-Schnittstelle infrage.

  Elektronische Vorschaltgeräte nutzen

  Tipp: Moderne elektronische Vorschaltgeräte schaffen einen doppelten Nutzen: Sie können nicht nur dimmen, sondern sind auch vom Wirkungsgrad her besser als konventionelle induktive Vorschaltgeräte (VVG).

4.5 Eigenschaften von HF-Meldern

HF-Melder können bei besonderen Rahmenbedingungen den Einsatz von PIR-Meldern ergänzen.

Vorteile von HF-Meldern

Der HF-Melder zeigt gegenüber Meldern auf PIR-Basis je nach Situation folgende Vorteile:

- Er reagiert im Gegensatz zum PIR-Melder am empfindlichsten bei *frontaler* Annäherung.
- Die Objekttemperatur spielt keine Rolle; Hauptsache, das Objekt bewegt sich.
- HF-Strahlen können auch Gegenstände durchdringen, wobei die Dämpfung von der Materialbeschaffenheit, der Materialstärke und des verwendeten HF-Bandes beeinflusst wird.
- HF-Melder lassen sich verdeckt montieren, zum Beispiel auch in Leuchten, integriert hinter einer Glasabdeckung.

Nachteile von HF-Meldern

Doch im Vergleich mit Meldern auf PIR-Basis gibt es je nach Situation auch Nachteile, die bei der Entscheidung berücksichtigt werden müssen:

- Der HF-Melder arbeitet mit einem aktiven Sensor, der Hochfrequenzwellen ausstrahlt. Die Strahlungsleistung ist zwar gering (siehe S. 62); wer aber auch geringen „Elektrosmog" umgehen möchte, wird sich eher für den – mit Blick auf die Strahlung passiv arbeitenden – PIR-Melder entscheiden.
- Er erkennt mitunter auch gehende Personen in benachbarten Zimmern, weil seine Strahlen in Abhängigkeit der Materialbeschaffenheit, der Materialstärke und des verwendeten HF-Bandes problemlos Holz- und Gipswände durchdringen (Backsteinwände dagegen etwas weniger und Betonwände noch weniger). Dies ist besonders bei Typen der Fall, die über keine eng begrenzte Abstrahlcharakteristik verfügen. Weist ein HF-Melder

eine genau definierte Abstrahlcharakteristik auf, ist die Gefahr, dass er Personen in benachbarten Zimmern erfasst, entsprechend kleiner.

- HF-Melder strahlen in der Regel in eine bestimmte Richtung, Typen mit 360°-Erfassung gibt es bisher kaum.

- Der Erfassungsbereich von HF-Meldern lässt sich kaum einschränken – die Melder strahlen konstruktionsbedingt einfach in einem bestimmten Abstrahlwinkel in der Horizontalen und einem weiteren bestimmten Winkel in der Vertikalen. Typen mit Drahtantennen strahlen auch nach hinten und erfassen so teilweise auch unerwünscht auf der Rückseite des Melders Personen. HF-Melder von ESYLUX strahlen rückseitig sehr gering; damit ist die Montage selbst auf einer Leichtbauwand möglich.

- Der HF-Melder reagiert im Außenbereich auf alles, was sich bewegt, mitunter auch auf fallendes Laub und auf Hagelkörner. Im Innenbereich kann eine Lautsprechermembran oder ein bewegter schwerer Vorhang genügen, um einen Impuls zu erzeugen. Es ist daher wichtig, dass sich keine bewegten Objekte im Erfassungsbereich befinden, auf die der Melder nicht reagieren darf.

Verhalten in Gängen

Wie schon erwähnt, haben PIR-Sensoren Grenzen der Erfassung in langen Fluren, weil deren Empfindlichkeit in radialer Richtung – Personen laufen auf Sensor zu – deutlich eingeschränkter ist als bei Bewegungen quer zum Strahlengang (tangential). HF-Sensoren verfügen in diesem Szenario dagegen über die höchste Empfindlichkeit: Prinzipbedingt entsteht durch eine auf den Sensor zu- bzw. von diesem weglaufende Person eine Differenzfrequenz. Diese ist unabhängig vom Abstand zwischen Person und Sensor. Allerdings ist das Signal mit größerer Distanz zum Sensor auch stärker gedämpft. Solange der Sensor das Signal noch auswerten kann, ist er fähig, ein Schaltsignal auszugeben. Lange Korridore sind daher klassische Anwendungen für HF-Melder.

Hier genügt ein HF-Melder am Ende des Korridors an der Wand oder Decke. Er kann die gesamte Länge des Korridors abdecken. Der Einsatz eines HF-Melders liegt auch dann nahe, wenn ein Gabelstapler im Gang einer Lagerhalle schon in großer Distanz zu erfassen ist.

Gesamte Oberfläche wird erkannt

Vorteilhaft für den HF-Melder ist die Tatsache, dass er ab einer bestimmten Minimaldistanz zur bewegten Person immer die ganze Oberfläche eines Körpers wahrnimmt. Dagegen reagiert der PIR-Sensor in erster Linie auf nackte bzw. wenig bedeckte Körperstellen.

4.6 Hohe Einschaltströme bewältigen

Verschweißen der Kontakte

Durch die Technik mancher Leuchten – genauer: durch die elektronischen Vorschaltgeräte – entstehen teils hohe Einschaltströme. Der Einschaltstrom von Vorschaltgeräten bei Leuchtstofflampen und auch von LED-Systemen kann so hoch sein, dass die Relaiskontakte im Leistungsteil der Präsenz- und Bewegungsmelder verschweißen.

Einschaltströme

Um die Herausforderung der Einschaltströme zu verdeutlichen, betrachten wir ein elektronisches Vorschaltgerät, welches für den Betrieb von Leuchtstofflampen eingesetzt wird. Es zieht im Einschaltmoment beim Laden der Elektrolytkondensatoren einen stark pulsförmigen Strom. Warum dem so ist, zeigt die folgende Abbildung.

Die Elektronik der Leuchte macht aus der Netzwechselspannung über den Graetz-Gleichrichter eine Gleichspannung und lädt damit den Elektrolytkondensator auf rund 320 V, wenn die Netzspannung 230 V beträgt. Über die beiden Transistoren wird diese Gleichspannung in eine Rechteckspannung von zirka 40 kHz verwandelt und damit die Lampe angesteuert.

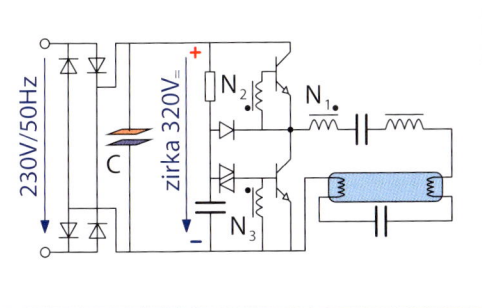

Abb. 90: *Schaltung eines Vorschaltgerätes ohne Netzfilter*

Wo liegt das Problem? Wird ein entladener Kondensator an Spannung gelegt, bedeutet dies praktisch einen Kurzschluss. Der Elektrolytkondensator zieht während des Einschaltvorgangs der Sparlampe einen Ladestrom, der dem fünfzigfachen Nennstrom entsprechen kann. Sind nun mehrere Leuchten parallel geschaltet, kann dies zu einem Einschaltstrom von weit über 100 A führen.

Einschaltströme sind nicht nur bei Vorschaltgeräten von Leuchtstofflampen und LED-Systemen zu berücksichtigen. Auch Halogenlampen ziehen hohe Einschaltströme; diese können das 15-Fache des Nennstroms ausmachen. Zu erwähnen sind auch Niedervolthalogenlampen, die über Ringkerntransformatoren betrieben werden. Der Ringkerntransformator zeigt im Nennbetrieb zwar gute Eigenschaften wie geringe Verluste und nur ganz wenig Brummen (das Brummen entsteht in Transformatoren durch den magnetorestriktiven Effekt, das heißt, mit dem wechselnden Magnetfeld zieht sich

Einschaltströme bei verschiedenen Leuchtmitteln

auch das Eisenblech zusammen und verursacht Geräusche). Im Einschaltmoment kann der luftspaltlose Ringeisenkern in Sättigung geraten und dadurch Einschaltströme bis zum 30-fachen Nennstrom provozieren. Es kommt erschwerend hinzu, dass dieser mehrere Millisekunden anhalten kann.

Lösungsmöglichkeiten Um mit diesen Einschaltströmen umzugehen, gibt es – neben anderen marktüblichen Lösungen – verschiedene Möglichkeiten. Dazu zählen:

1. Begrenzung der Ströme über einen Widerstand (Einsatz eines Strombegrenzungs-Moduls)
2. Nutzung von Hochleistungsrelais mit einem Wolfram-Vorlaufkontakt
3. Einsatz eines separaten Relais-Moduls

Einsatz eines Strombegrenzungs-Moduls

Schalten über Strom-begrenzungs-Modul Hierbei wird die Leuchte nicht durch den Präsenz- oder Bewegungsmelder selbst geschaltet, sondern über ein Strombegrenzungs-Modul (siehe Abbildung).

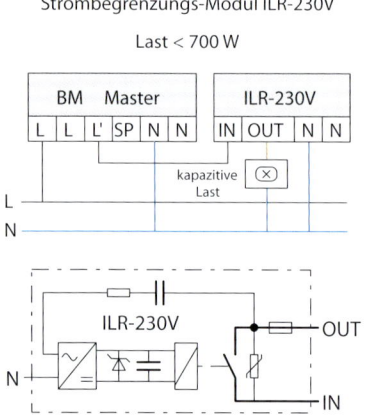

Abb. 91: *Ein Strombegrenzungs-Modul dämpft die große Einschaltstromspitze und schützt so den Relaiskontakt des Präsenz- oder Bewegungsmelders*

Wenn vom Präsenz- oder Bewegungsmelder auf „IN" des Einschaltstrombegrenzungs-Moduls Spannung kommt, zieht die Relais-Spule verzögert an. Die Verzögerung kommt zustande, weil der Kondensator parallel zur Relais-Spule zuerst aufgeladen werden muss. Während dieser Verzögerungszeit fließt der Laststrom durch den Widerstand, der parallel zum Kontakt liegt. Dieser Widerstand sorgt dafür, dass die Einschaltstromspitze der Last deutlich reduziert wird. Hat das Relais im Modul einmal den Widerstand überbrückt, hängt die Last direkt am Netz. Das Modul dämpft den Einschaltstrom, erzeugt aber im Betrieb keine thermischen Verluste.

Reduktion der Einschaltstromspitze

Einsatz eines separaten Relais-Moduls

Das Relais-Modul ist durch einen Wolfram-Vorlaufkontakt so leistungsfähig, dass es auch sehr hohe Einschaltströme vertragen kann, ohne dass seine Kontakte verschweißen. Anders als beim Strombegrenzungs-Modul schaltet der Präsenzmelder nur einen kleinen Steuerstrom, nämlich die Spule des Relais-Moduls; das Relais-Modul hingegen schaltet die Last ohne Einschaltstrombegrenzung direkt.

Präsenzmelder schaltet die Spule des Relais

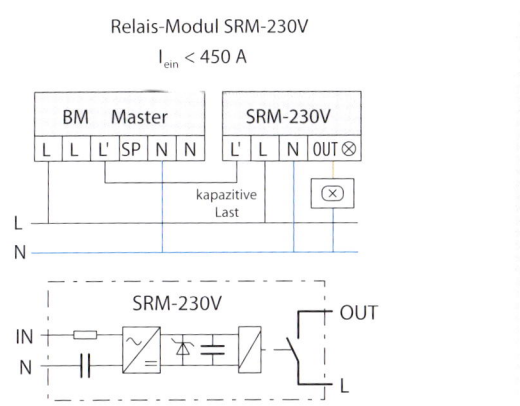

Abb. 92: *Relais-Modul, das sehr hohe Einschaltstromspitzen erträgt und vor allem dann angebracht ist, wenn viele Sparlampen über einen Präsenz- oder Bewegungsmelder gleichzeitig geschaltet werden*

Nutzung von Hochleistungsrelais mit einem Wolfram-Vorlaufkontakt

Spezielle
Relaiskontakte

Moderne Präsenz- und Bewegungsmelder verfügen über spezielle Relaiskontakte, die auch hohe Einschaltströme bewältigen, ohne Schaden zu nehmen. Die dabei eingesetzten Relaiskontakte verfügen über sogenannte Wolfram-Vorlaufkontakte. Wolfram zeigt auch bei höchsten Strömen keine Verschweißneigung, hat aber einen hohen Übergangswiderstand, der im Nennbetrieb zu hohe thermische Verluste erzeugen würde. Nach einem Bruchteil einer Millisekunde übernimmt dann der niederohmige Hauptkontakt aus einer Silberlegierung den Strom. Es besteht dann keine Gefahr mehr, dass dieser verklebt.

4.7 Fazit

Rahmenbedingungen
beachten

Bei der Auswahl konkreter Präsenz- und Bewegungsmelder sind die jeweiligen räumlichen und technischen Rahmenbedingungen ihres Einsatzes zu beachten. Dazu zählen neben dem Umfang der erfassten Bewegung der vorgesehene Einsatzbereich, die benötigten Schaltausgänge, das Einschaltkriterium, die benötigte Aktivität der Lichtmessung sowie etwaige Besonderheiten.

HF-Melder und
PIR-Melder

HF-Melder können immer dann eingesetzt werden, wenn kein auswertbares Wärmebild einer sich bewegenden Person gegenüber dem Hintergrund entsteht und PIR-Melder in der Folge an ihre technologischen Grenzen stoßen.

Schwierigkeiten
vermeiden

Sind die passenden Meldertypen ausgewählt, lassen sich Schwierigkeiten im Betrieb von vornherein vermeiden, indem grundsätzliche Montage- und Installations-Richtlinien befolgt werden. Dazu zählen die korrekte Positionierung und Parametrierung der Melder.

Beim Planen des Geräteeinsatzes sind die Einschaltströme zu berücksichtigen. Entweder sind Präsenz- und Bewegungsmelder einzusetzen, die über spezielle Relaiskontakte verfügen, oder es sind Strombegrenzungs-Module, Relais-Module oder andere leistungsfähige Möglichkeiten zu nutzen.

Kapitel 5
Betrachtung der Wirtschaftlichkeit

In Gebäuden wird viel Energie verbraucht – nicht nur durch die Heizung, sondern auch durch die Beleuchtung. Fachmännisch geplante und realisierte Investitionen senken nicht nur den CO_2-Ausstoß, sondern zahlen sich auch finanziell aus: Mithilfe moderner Beleuchtungssysteme können bis zu 70 Prozent der bisherigen Stromkosten gespart werden.

5.1 Einflussfaktoren

Große Einsparpotenziale

Ein wesentlicher Kostenfaktor des Energieverbrauchs in einem Gebäude verursacht die Beleuchtung. In Bürogebäuden können je nach Nutzungsverhalten und Beleuchtungsaufgabe die Stromkosten der Beleuchtung bis zu 50 Prozent ausmachen. Entsprechend groß sind die Einsparpotenziale.

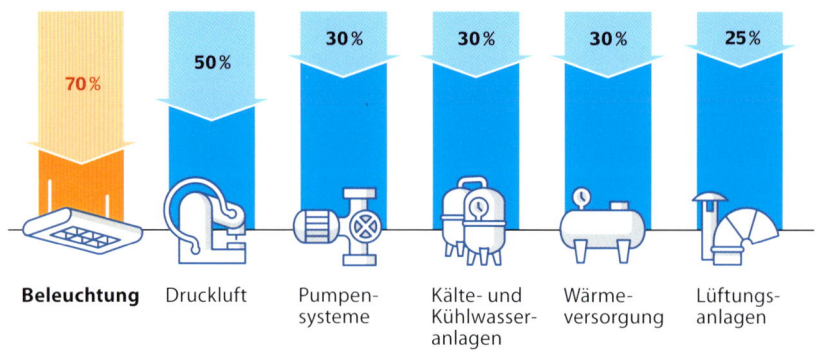

Abb. 93: *Energie und Kosten sparen in Industrie und Gewerbe: Energieeffizienzpotenziale bei branchenübergreifenden Querschnittstechnologien in Prozent. Quelle: dena*

Druck, den Stromverbrauch zu reduzieren

Weitere Anreize

Zugleich gibt es mit Blick auf die Kosten weitere Anreize, die Einsparmöglichkeiten zu nutzen:

- Die Energiewende – also die nachhaltige und emissionsarme Energieerzeugung über Windanlagen, Photovoltaik und andere alternative Energieformen – wird die Energieerzeugung verteuern.
- Es zeichnet sich ab, dass die elektrische Energieversorgung vor allem in Spitzenlastzeiten zunehmend kritisch wird. Um dem entgegenzuwirken, werden Energieversorger künftig zu dynamischen Tarifen greifen. Dies be-

deutet, dass der Energiepreis an den Bedarf gekoppelt wird. Zu Spitzenlastzeiten könnte elektrische Energie dreimal so teuer werden wie in Schwachlastzeiten.

Hinzu kommt die Energiesparpolitik des Europäischen Rates, die auf eine Verbesserung der Gesamtenergieeffizienz von Gebäuden abzielt (siehe S. 208).

Energiesparpolitik

Es entsteht also von mehreren Seiten ein enormer Druck, den Stromverbrauch zu reduzieren. Somit ist es sinnvoll, den Stand der Technik zu nutzen und vor allem Neuanlagen energieeffizient sowie komfortabel zu bauen.

Enormer Druck

Urteil mit Blick auf den Lebenszyklus treffen

Technische Anlagen, mit denen sich Licht automatisch steuern und regeln lässt, reduzieren den Energieverbrauch und bieten bei korrekter Planung und Realisierung mehr Komfort sowie größere Sicherheit als Beleuchtungssysteme, die ausschließlich manuell bedient werden. Zugleich sind solche Systeme in der Regel mit höheren Anfangsinvestitionen verbunden als nicht automatisierte Beleuchtungssysteme. So sind eine komfortable, hoch energieeffiziente Beleuchtung unter Einsatz von Präsenz- und Bewegungsmeldern sowie LED-Leuchten mit Blick auf die nötigen Investitionen kostspieliger als ein nicht automatisiertes Leuchtstofflampensystem. Andererseits werden bei Neuanlagen, in denen Deckenpräsenz- und Bewegungsmelder eingesetzt werden und Leitungen zu Schaltern entfallen, auch Installationskosten eingespart.

Höhere Anfangsinvestitionen

Vielen Auftraggebern ist allerdings noch nicht klar, wie viel Geld sie durch den Einsatz von Präsenz- und Bewegungsmeldern während der Nutzungsdauer einer Immobilie sparen können. Hier können sich Planungsbüros und Generalunternehmer einen Vorteil verschaffen, indem sie nicht nur die Investitionsrechnung vorlegen, sondern auch Berechnungen zu den Kosten anstellen, die das Gebäude in seinem

Energiekosten berücksichtigen

Lebenszyklus bzw. pro Jahr verursachen wird (siehe auch S. 195). Durch eine solche Berechnung kann klar werden, dass die Energiekosten zusammen mit den Wartungskosten im Lebenszyklus einer Beleuchtungsanlage um das Mehrfache höher ausfallen können als die Anfangsinvestitionen.

Eigenverbrauch von Präsenz- und Bewegungsmeldern

Verbrauch im Stand-by-Betrieb

Präsenz- und Bewegungsmelder haben eine Elektronik eingebaut. Diese muss sich – abgesehen von KNX-Bustypen, die sich über die Busleitung mit Strom versorgen, oder LON-Bustypen, die neben der Leitung für das Bus-Signal über einen 24-V-Anschluss verfügen – über die Netzspannung von zum Beispiel 230 V versorgen. Moderne 230-V-Melder haben einen Eigenverbrauch (Stand-by), der unter 0,3 W liegt. Da nicht alle Hersteller von Präsenz- und Bewegungsmeldern modernste Technik einsetzen, liegt die Stand-by-Leistung oftmals über 1 W. Ist das Relais angezogen – die Leuchte eingeschaltet –, steigt der Stromverbrauch um weitere 0,5 W. Im optimalen Fall haben Melder also eine Gesamtverlustleistung von etwa 0,8 W, im schlechten Fall von 1,5 W.

Bereitschaftsverluste

Ein extremes Beispiel soll die Problematik des Eigenverbrauchs aufzeigen. Eine Flurbeleuchtung ist – durch einen Präsenzmelder gesteuert – eine Stunde pro Tag aktiv. Als Beleuchtung dienen zwei schaltfeste Sparlampen mit jeweils 12 W Leistung. Die Lampen generieren pro Tag während der Einschaltzeit von einer Stunde einen Energieverbrauch von 0,024 kWh pro Tag. Kommt ein Präsenzmelder mit 1 W Bereitschaftsverlust zum Einsatz, generiert dieser pro Tag ebenfalls rund 0,024 kWh Energieverbrauch.

Optimierter Eigenverbrauch

Ein vom Energieverbrauch her optimierter Melder, wie er seit 2009 bei ESYLUX produziert wird, schneidet da deutlich besser ab: Er verbraucht nur 0,0072 kWh, also nur etwa ein Drittel. Auf den folgenden Seiten werden Sie ein Beispiel kennenlernen, bei dem in einem Bürogebäude 165 Melder eingebaut wurden. Pro Jahr würden allein durch die Bereitschaftsleistung bei herkömmlichen Meldern 1.445 kWh verbraucht, während es bei optimierten Meldern nur 433,62 kWh wären.

5.2 Vier Beispiele

Der Anwendungsbereich von Präsenz- und Bewegungsmeldern ist fast unbegrenzt, denn Energiesparpotenziale sind an vielen Stellen zu finden:

Einsparpotenziale an vielen Stellen

- in Privathäusern und Wohnblocks
- in öffentlichen Gebäuden wie Schulen, Krankenhäusern, Altenheimen, Museen etc.
- im Handwerk
- in der Industrie und im Gewerbe
- in Büro- und Verwaltungsgebäuden

Viele Gänge, Korridore, Büroräume, Parkhäuser, Treppenhäuser, Toiletten etc. arbeiten noch heute über manuell bediente Schalter. Hier machen bereits einfache Rechnungen deutlich, dass sich eine Automatisierung über Präsenz- und Bewegungsmelder in aller Regel lohnt.

Automatisierung lohnt sich

Für das Abschätzen der Sparpotenziale für konkrete Beispiele bietet die Website www.esylux.com einen Energiesparrechner. Es handelt sich dabei um ein dynamisches Berechnungshilfsmittel mit veränderlichen Komponenten wie:

Energiesparrechner

- Anzahl der Leuchten
- Leistungsangabe pro Leuchte
- Anzahl der Präsenzmelder
- benötigtes künstliches Licht pro Tag
- geschätzte Einschaltdauer des künstlichen Lichts durch Präsenzmelder pro Tag
- Nutzungstage
- Strompreis inkl. Nebenkosten
- gesamte Systemverluste

Ermitteln Sie Ihre mögliche Energiekosteneinsparung:

FLUR	BÜRO	PARKHAUS	TREPPENHAUS	TOILETTE	KLASSENZIMMER		
Anzahl der Leuchten						6	Stck.
Leistungsangabe pro Leuchte						58	Watt
Anzahl der Präsenzmelder						3	Stck.
Benötigtes künstliches Licht pro Tag						12.0	Std.
Geschätzte Einschaltdauer des künstlichen Lichts durch Präsenzmelder pro Tag						2.0	Std.
Nutzungstage						365	Tage
Strompreis inkl. Nebenkosten						0.25	€/KWh
Gesamte Systemverluste (1% bis 3%)						3	%

Energiekostenersparnis:* 327.08 Euro / Jahr

Abb. 94: *Energiesparrechner mit veränderlichen Komponenten. Quelle: www.esylux.com*

Vier Beispiele

Vier Beispiele sollen zeigen, wie sich durch ein gutes Beleuchtungskonzept Energie sparen lässt. Das erste dieser vier Beispiele nutzt dabei den eben erwähnten Energiesparrechner.

Beispiel Nr. 1: Flur in einem Wohnblock

Licht in einem Flur

Für unser erstes Beispiel wählen wir einen Flur, bei dem das Licht während des ganzen Tages brennt, obwohl es nur während eines Bruchteils der Zeit benötigt wird. Weil in diesem Flur kaum Tageslicht vorhanden ist, wird das Kunstlicht pro Tag 12 Stunden lang eingeschaltet.

Kostenersparnis

Die Kostenersparnis durch den Einsatz von drei Präsenzmeldern beträgt in einem Jahr 327 Euro. Eine Amortisation dürfte in weniger als vier Jahren eintreten, und dies allein über die Energiekosten – die Ersparnisse an Leuchtmitteln und die Kosten, die durch das Auswechseln derselben entstehen, sowie die Einschränkungen des Ausfalls sind bei dieser einfachen Rechnung noch nicht berücksichtigt und vergrößern den Vorteil einer Steuerung durch Präsenzmelder noch.

Weitere Potenziale durch ersparte Leuchtmittelwechsel

In dem Flur aus unserem Beispiel sind sechs schaltfeste Kompaktsparlampen verbaut. Eine sehr gute Energiesparlampe hält 10.000 Stunden, das entspricht dem Zehnfachen einer normalen Glühlampe.

Wenn diese Leuchtmittel im Flur anstelle von zwölf Stunden nur noch zwei Stunden am Tag eingeschaltet sind, werden pro Jahr rund 3.600 Betriebsstunden gespart. Das bedeutet: Ohne den Einsatz eines Bewegungsmelders ist alle drei Jahre ein Lampenwechsel angesagt, mit Bewegungsmeldern nur alle 13 Jahre.

Vier Leuchtmittelwechsel in 13 Jahren bedingen 24 Energiesparlampen plus die Kosten für den Installateur, der diesen Lampenwechsel ausführt. Wenn dafür auch nur eine Stunde zu 50 Euro angesetzt wird und man annimmt, dass immer gleich alle Leuchtmittel gewechselt werden, laufen so Lohn- und Leuchtmittelkosten von rund 500 Euro auf, die beim Einsatz von Präsenzmeldern vermieden wurden.

Beispiel Nr. 2: Turnhalle

Schalten von Hand In vielen Turnhallen wird das Licht per Schalter zu 100 Prozent eingeschaltet. Da sich anschließend häufig keiner für das Ausschalten verantwortlich fühlt, sind die Leuchten oftmals unnötig in Betrieb. Eine energetisch bessere Lösung besteht deshalb darin, das Licht über Präsenzmelder ein- und auszuschalten.

Tageslichteinfall nutzen Allerdings wird damit der Tageslichteinfall noch zu wenig berücksichtigt. Turnhallen verfügen meist über Fenster. Wenn während vieler Stunden am Tag Tageslicht zur Verfügung steht, sollte dieses auch genutzt werden.

Abb. 95: Turnhalle mit Tageslicht

Konstantlichtregelung Die energetisch sinnvollste Variante nutzt eine Konstantlichtregelung. Dabei werden dimmbare Leuchtstoff- oder LED-Leuchten eingesetzt.

Sanierung der Beleuchtung In unserem konkreten Beispiel geht es um eine Turnhalle, die mit alten Leuchtstofflampen ausgerüstet ist. Die Beleuchtung wird saniert. Dabei werden alle alten, ineffizienten und teilweise defekten Leuchten durch baugleiche Typen ersetzt.

Es soll zwischen zwei Varianten entschieden werden:

1. Neue Leuchten, die durch zwei Präsenzmelder *gesteuert* werden.
2. Neue dimmbare Leuchten, die über zwei Präsenzmelder tageslichtabhängig *geregelt* werden.

Die Ausgangslage stellt sich wie folgt dar:

- Turnhalle 27 m × 15 m (Höhe 5,5 m) = 405 m^2
- Bestehende alte Beleuchtung: 3× 12 Leuchten mit 2 Leuchtmitteln zu (58 W + 13 W) = 71 W
- Beleuchtungsstärke E ≈ 400 lx (bei Neuzustand)
- Leistung P = 5,11 kW
- Benutzungsdauer t_B = 3.000 h (inkl. unnötiger Betrieb)
- Stromkosten a = 0,25 Cent/kWh
- Jährliche Energiekosten 3.834 Euro

Für die neue Beleuchtung werden ballwurfsichere Turnhallenleuchten verwendet, deren Abmessungen mit denen der alten Leuchten identisch sind; die Montagekosten sind damit sehr niedrig.

Die neuen Leuchtmittel erzeugen einen höheren Lichtstrom und die Leuchten als Ganzes haben einen besseren Leuchtenwirkungsgrad. Die Beleuchtungsstärke E ist größer als 500 lx. Das bedeutet, dass nach der Sanierung eine deutlich höhere Beleuchtungsstärke zur Verfügung steht.

Variante 1

Die Eckdaten der ersten Variante sehen folgendermaßen aus:

- 3× 12 Leuchten à 2 Lampen à (80 W + 8 W) = 88 W, EVG ohne DALI (keine Konstantlichtregelung)
- Leuchtenpreis mit EVG: L_K = 325 Euro
- Leistung P = 6,33 kW
- Benutzungsdauer t_B = 2.000 h
- Stromkosten a = 0,25 Cent/kWh
- Jährliche Energiekosten 3.168 Euro

Eckdaten Variante 2 Die Eckdaten der zweiten Variante sehen folgendermaßen aus:

- 3× 12 Leuchten à 2 Lampen à (80 W + 8 W) = 88 W, EVG mit DALI (Konstantlichtregelung)
- Leuchtenpreis mit DALI-EVG: L_K = 365 Euro
- Mehrpreis wegen DALI-EVG ΔK = 40 Euro
- Mehrpreis für nachgelagerte Steuereinheit für Licht-messung und -regelung = 1.000 Euro
- Mittlere Leistung (Tageslichtsteuerung) (mit 60 Prozent eingesetzt) P = 3,8 kW
- Benutzungsdauer t_B = 2.000 h
- Stromkosten a = 0,25 Cent/kWh
- Jährliche Energiekosten 1.900 Euro

Der Präsenzmelder erfasst hierbei nur die Präsenz. Die Licht-messung und -regelung erfolgt über eine nachgelagerte Steuereinheit, die hier mit 1.000 Euro angesetzt wird.

Paybackzeit Die Paybackzeit für die Variante 2 lässt sich folgendermaßen ermitteln:

$$t_P = \frac{\Delta K}{\Delta k} = \frac{\Delta K}{a \cdot t_B \cdot \Delta P}$$

t_P = Rückzahlzeit (ohne Zinsen)
ΔK = zusätzlicher Kapitalaufwand
Δk = Kosteneinsparung pro Jahr
a = Stromkosten pro kWh
t_B = jährliche Benutzungsdauer in Stunden
ΔP = Leistungseinsparung in kW

Vergleichsbasis sind die neuen Leuchten mit EVG:

36 × 325 Euro = 11.700 Euro
Neue Leuchten mit DALI-EVG: 36 × 365 Euro = 13.140 Euro
Mehrpreis DALI-EVG sowie Steuereinheit: 2.440 Euro
Zusatzkosten wegen 2 Meldern inkl. Montage: 1.000 Euro

Die Montagekosten der neuen Leuchten müssen in der Pay-
backrechnung nicht eingesetzt werden, da die Leuchten ja
ohnehin ersetzt werden.

Montagekosten

In die Formel werden nun folgende Werte eingesetzt:

$\Delta K = 2.440 + 1.000 = 3.440$ Euro
$a = 0,25$ Cent/kWh
$t_B = 2.000$ h
$\Delta P = 6,33$ kW $- 3,8$ kW $= 2,5$ kW

Es ergibt sich eine Rückzahlzeit t_p von 2,75 Jahren (ohne Zinsen gerechnet).

Rückzahlzeit: 2,75 Jahre

Wenn Tageslicht zur Verfügung steht und die Leuchten zu
einem großen Teil tagsüber in Betrieb sind, lohnt sich eine
Konstantlichtregelung also alleine schon wegen der Betriebs-
kostenersparnis.

Beispiel Nr. 3: Sanierung eines Bürogebäudes

Im dritten Beispiel geht es um ein Bürogebäude, in dem –
energetisch gesehen – suboptimale Beleuchtungsanlagen
arbeiten.

Suboptimale
Beleuchtungsanlagen

Die Eckdaten für das Bürogebäude sehen so aus:

Eckdaten des
Bürogebäudes

- 4 Etagen mit insgesamt 120 Büros
- 5 Flure
- 2 innen liegende Treppenhäuser
- 8 Toiletten
- 1 Tiefgarage

Der Nutzer kam zur Einsicht, dass eine Sanierung der Beleuchtungsanlage sinnvoll ist. Bei diesem Großprojekt wurden insgesamt 165 ESYLUX Präsenz- und Bewegungsmelder
verbaut. Dies bedingte Investitionen von rund 33.850 Euro.

165 Melder

Vor und nach der Sanierung In der folgenden Tabelle konzentrieren wir uns lediglich auf die Verbrauchswerte und Einsparungen.

Kriterium	Vor der Modernisierung	Nach der Modernisierung
Stromverbrauch	142.575,36 kWh/Jahr	46.001,44 kWh/Jahr
Stromkosten	25.663,56 Euro/Jahr	8.280,26 Euro/Jahr
CO_2-Emission	88,68 t/Jahr	28,61 t/Jahr
Stromkostenersparnis		**17.383,30 Euro/Jahr**
CO_2-Verminderung		**60,07 t/Jahr**

Abb. 96: *Beispiel für die Ergebnisse der Modernisierung mit Schwerpunkt Energieeffizienz bei einem Bürogebäude*

Wechselkosten unberücksichtigt Nicht eingerechnet ist hier, dass die Leuchtmittel seltener ausgewechselt werden müssen. Würden die Wechselkosten (Materialeinsatz sowie Arbeitszeit) berücksichtigt, fiele der Vorteil noch deutlicher aus.

In zwei Jahren wieder eingespielt Doch selbst ohne Berücksichtigung der ersparten Leuchtmittelwechsel wird deutlich: Die Investitionskosten werden auch bei diesem Beispiel allein über die Energieersparnis in zwei Jahren eingespielt. Der um 60 Tonnen reduzierte CO_2-Ausstoß ist zudem ein aktiver Beitrag zum Umweltschutz.

Beispiel Nr. 4: Experimentelle Untersuchungen an Seminarräumen im Technikum G der Hochschule Biberach

Studie des ZVEI Dass eine effiziente Gebäudeautomatisierung den Energieverbrauch drastisch reduzieren kann, zeigt eine Studie des Zentralverbands für Elektro- und Elektronikindustrie (ZVEI).

Drei Räume im Vergleich Um das Potenzial der Energieersparnis in Gebäuden zu untersuchen, führte das Institut für Gebäude- und Energiesysteme (IGE) an der Hochschule Biberach eine zweijährige Untersuchung durch. Dabei wurde unter Leitung von

Prof. Dr.-Ing. Martin Becker die Steuerung von Heizung, Lüftung, Beleuchtung und anderen Energieverbrauchern in drei identischen Schulungsräumen folgendermaßen ausgeführt:

- vollständig automatisiert (Grad A)
- teilweise automatisiert (Grad B)
- gar nicht automatisiert (Grad C)

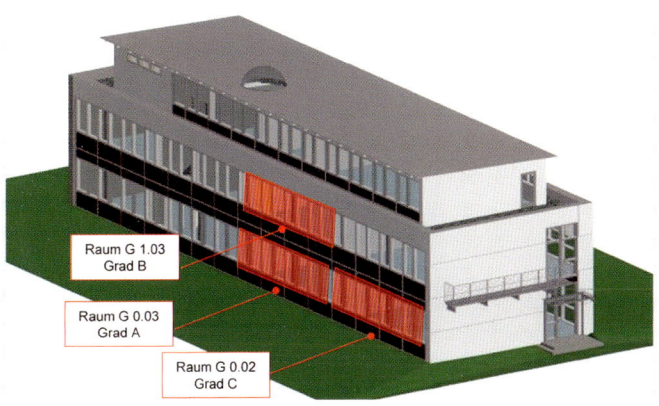

Abb. 97: *Seminarräume des Technikums der Hochschule Biberach, ausgestattet mit unterschiedlichen Automatisierungsgraden*

In allen Räumen sind eine Beleuchtung mit zwei Lichtbändern sowie Tafelbeleuchtung installiert. Um eindeutige Randbedingungen zu definieren, wurden die Funktionen für die Messungen auf die europäische Norm DIN EN 15232 („Energieeffizienz von Gebäuden – Einfluss von Gebäudeautomation und Gebäudemanagement") bezogen (siehe S. 209). Für die Messungen wurden nur die Automatisierungsgrade C bis A miteinander verglichen, da Grad D nicht mehr dem Stand der Technik entspricht.

Drei Automatisierungsgrade

Mit der Durchführung der Messkampagne sollte die Frage beantwortet werden, ob sich bei drei Räumen mit ähnlicher

Nutzung, aber unterschiedlichem Automationsgrad (C, B, A), ein Einsparpotenzial im realen Gebäudebetrieb nachweisen lässt. Alle relevanten Daten wurden messtechnisch von Mai 2009 bis Mai 2011 – also über zwei Heizperioden – erfasst und hierbei der tatsächliche Energieverbrauch ermittelt.

Automatisierung kompensiert Fehlnutzungen

Das Ergebnis war eindeutig: Bei einem mittleren Automatisierungsgrad (B) wurden 21 Prozent, bei hohem Automatisierungsgrad (A) sogar 49 Prozent Energie über zwei Heizperioden eingespart. Der Grund: Menschen, die in Gebäuden arbeiten und leben, verhalten sich nicht immer energiebewusst und lassen beispielsweise das Licht oder die Heizung an, obwohl der Raum verlassen wurde. Die Automatisierungstechnik „denkt" hier mit und kompensiert Fehlnutzungen bzw. energieunbewusstes Verhalten.

Elektrische Energieeinsparung

Die folgende Abbildung zeigt deutlich die (nach Belegungsstunden bereinigte) *elektrische* Energieeinsparung durch die hinsichtlich des Automationsgrads unterschiedliche funktionale Ausstattung der drei Messräume:

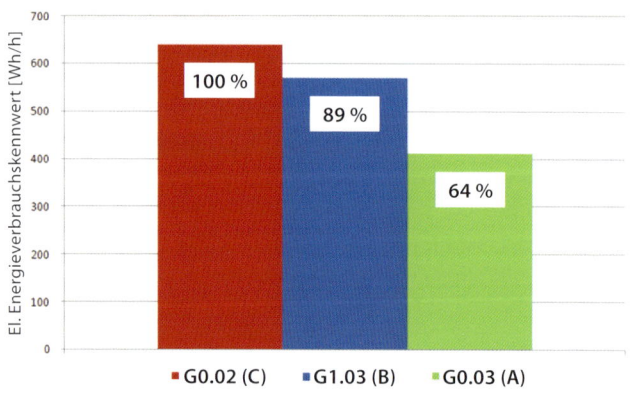

Abb. 98: *Elektrischer Energieverbrauchskennwert bezogen auf die Belegungsstunden eines Seminarraumes [Wh/h]*

Während im Referenzraum G0.02 die Beleuchtung manuell ein- und ausgeschaltet wurde, sind im Raum G1.03 eine helligkeits- und präsenzabhängige Schaltung und in Raum G0.03 zusätzlich eine Konstantlichtregelung realisiert worden.

Schaltung, Steuerung und Regelung

Abb. 99: *Technikum G der Hochschule Biberach*

Eine zur praktischen Messung parallel angefertigte Literaturstudie und mehrere Simulationen unter definierten Randbedingungen bestätigten die Einsparpotenziale: Je nach Bauweise des Gebäudes, je nach Außentemperatur und nach Nutzung variiert der Einspareffekt bis zur Hälfte des Energiebedarfs.

Bestätigung durch Simulationen

Kostenersparnis bei HLK-Steuerungen

Automatische Steuerung der Heizung

Im Beispiel der Hochschule Biberach wurde über die Beleuchtung hinaus auch noch die Heizung automatisch gesteuert. Denn es kann sich lohnen, bei unbenutzten Räumen die Raumtemperatur über eine ▸HLK-Anbindung des Präsenzmelders beispielsweise um 3 Kelvin abzusenken.

Temperatur verändert sich langsam

Allerdings unterscheidet sich die Stärke des Effekts in Abhängigkeit der jeweiligen Gebäudebedingungen. Es dürfen hier keine unrealistischen Erwartungen geweckt werden. Bei einem Gebäude, das sehr gut isoliert ist, sinkt die Raumtemperatur bei abgestellter Heizung um zirka 0,1…0,2 °C pro Stunde. Sie lässt sich bei der Wiedereinschaltung um zirka 0,5 °C pro Stunde anheben. Bei einer Bodenheizung kann es allerdings deutlich länger dauern, bis der gewünschte Soll-Wert wieder erreicht ist.

Regelung der Klimaanlage im Sommer

Im Sommer lässt sich Energie einsparen, wenn die Klimaanlage bei unbesetztem Büro abgestellt wird. Dies lässt sich ebenfalls über die HLK-Steuerung der Präsenzmelder realisieren. Allerdings ist nach Betreten des Raumes durch das Arbeiten der Klimaanlage während einer gewissen Zeit mit kalten Luftströmungen zu rechnen. Wird die Klimatisierung nicht über einströmende Kaltluft, sondern über eine gekühlte Decke realisiert, muss mit längeren Zeiträumen gerechnet werden, die verstreichen, bis der gewünschte Soll-Wert erreicht ist.

Spareffekte im Winter und im Sommer

Durch den Einsatz von Präsenzmeldern wird also nicht nur Energie bei der Beleuchtung gespart, sondern auch bei der Heizung im Winter und der Kühlung im Sommer. Das gilt in erster Linie für Gebäude, die noch nicht hochisoliert sind. Denn kurzfristige Temperaturänderungen sind sowohl im Winter als auch im Sommer in neuen, energetisch hochisolierten Gebäuden energetisch unwirtschaftlich und die technische Anlagenkonfiguration lässt schnelle Anpassungen gar nicht zu.

Immer zu Energieeinsparungen führt eine tiefere Raumtemperatur im Winter bzw. höhere Raumtemperatur im Sommer. Wenn im Winter statt auf 22 °C auf nur 20 °C geheizt bzw. im Sommer anstatt auf 25 °C auf nur 27 °C gekühlt wird, lassen sich rund 14 Prozent Energie einsparen.

5.3 Fazit

Bei Neuanlagen lohnt sich der Einsatz von Präsenz- und Bewegungsmeldern in den meisten Fällen allein durch die eingesparten Energiekosten schon nach wenigen Jahren. Selbst im Sanierungsfall kann unter günstigen Bedingungen mit einer Amortisationsdauer von nur knapp drei Jahren gerechnet werden.

Relativ kurze Amortisationsdauer

Beleuchtungssysteme sind langfristige Investitionen. Wer bei einem Bauvorhaben damit konfrontiert wird, dass nur die Anfangsinvestitionen betrachtet werden und eine Entscheidung gegen höherwertige Gebäudeautomatisierungssysteme fallen soll, kann darauf aufmerksam machen, dass bei dieser Entscheidung die laufenden Energiekosten und der fehlende Komfort unbeachtet bleiben. Da Möglichkeiten zum Nutzen der Sparpotenziale künftig weiter an Bedeutung gewinnen, sollten Entscheider mit Blick auf die Gesamtkostenrechnung darauf achten, dass effiziente Leuchtensysteme in Kombination mit Präsenz- und Bewegungsmeldern zum Einsatz kommen.

Energiekosten in die Berechnung einbeziehen

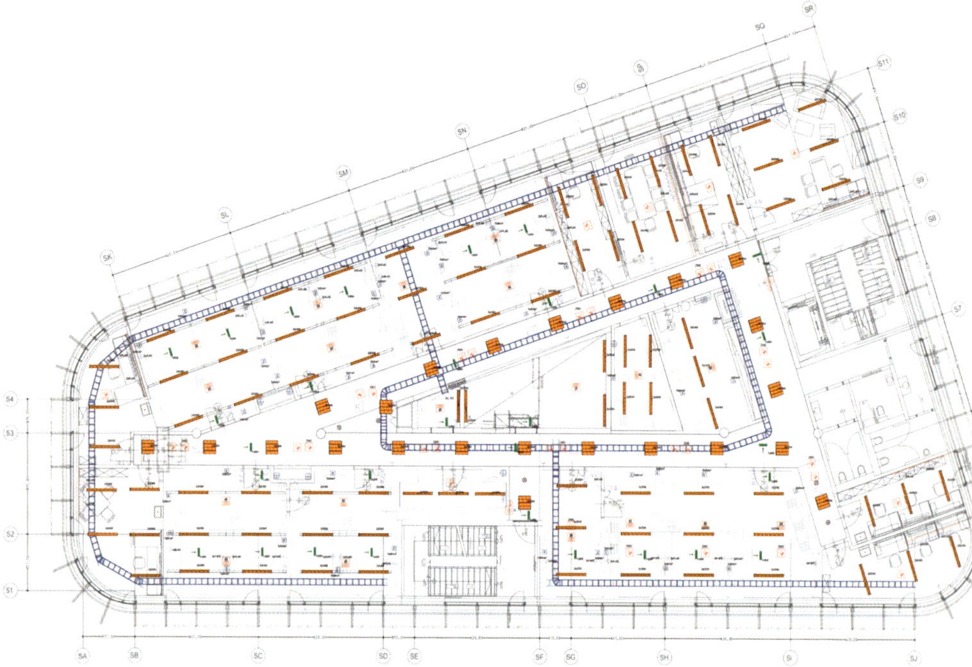
SK
SL
SM
SN
SO
SQ
SR
S11
S10
S9
S8
S7
S6
S4
S3
S2
S1
SA
SB
SC
SD
SE
SF
SG
SH
SI
SJ

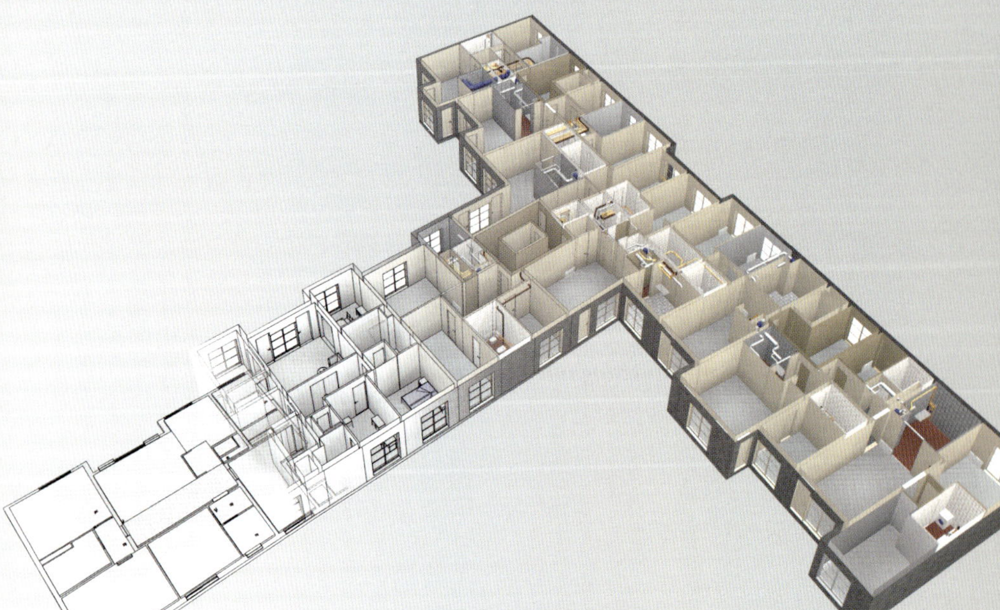

Kapitel 6

Beispiele software-
unterstützter Planung

Der Einsatz von Präsenz- und Bewegungsmeldern lässt

sich mit Softwareunterstützung intelligent planen.

Spezialisierte Softwarehersteller liefern heute Planungs-

instrumente, mit denen sich auch komplexe Aufgaben

individuell und flexibel lösen lassen.

Zwei Beispiele lernen Sie in diesem Kapitel kennen.

6.1 Gebäudeplanung mit Softwareunterstützung

Bauplanung mit CAD-Systemen

In der klassischen Bauplanung erstellt ein Architekt einen Entwurf und zeichnet diesen auf. Heutzutage geschieht dies mithilfe von CAD-Systemen. Zur Kostenkalkulation wird eine Massenermittlung auf Basis der Zeichnungen erstellt. Die Pläne werden unter anderem Fachingenieuren, Brandschutzgutachtern und Behörden vorgelegt.

Änderungen mit Folgen

Tritt eine Änderung der Planung auf, hat dies Folgen:

- Die Zeichnungen müssen geändert werden.
- Die Massenermittlung muss angeglichen werden.
- Alle Beteiligten erhalten aktualisierte Zeichnungen und müssen diese mit ihren Fachplanungen abgleichen.

BIM kann den Aufwand reduzieren

Dies verursacht einen erheblichen Koordinierungs- und Arbeitsaufwand, der mit der Gebäudedaten-Modellierung (englisch: Building Information Modeling, kurz BIM) deutlich reduziert werden kann. Bei der Gebäudedaten-Modellierung werden alle relevanten Gebäudedaten digital erfasst, kombiniert und vernetzt. Das Gebäude ist als virtuelles Gebäudemodell auch geometrisch visualisiert (Computermodell).

Änderungen direkt verfügbar

Mit BIM werden Änderungen an der Projektdatei vorgenommen. Diese Änderungen sind für alle Beteiligten – sowohl als Zeichnung als auch als Datenpaket – direkt verfügbar. Durch den verbesserten Datenabgleich soll letztendlich die Produktivität des Planungsprozesses hinsichtlich Kosten, Terminen und Qualität gesteigert werden. Für den Informationsaustausch wurden auch offene Standards entwickelt (Open BIM).

Zwei spezialisierte Lösungen

BIM-Verfahren werden heutzutage von allen namhaften CAD-Herstellern angeboten. Zwei spezialisierte Softwarelösungen werden auf den folgenden Seiten vorgestellt: DDS-CAD für die Planung der technischen Gebäudeausrüstung und ReluxSuite für die Lichtplanung.

6.2 Softwareunterstützte Planung eines Großraumbüros am Beispiel DDS-CAD

Das Unternehmen Data Design System (DDS) ist Hersteller von DDS-CAD, einer Software für die Planung von Elektroinstallationen, Automation, Sanitär und Heizung, Klima und Lüftung sowie Energiesimulation und Photovoltaik-Anlagen. Diese Software wird von Elektrofachplanern, von Planungsbüros für technische Gebäudeausrüstung (TGA), von ausführenden Handwerksbetrieben sowie von Gebäudeverwaltungen genutzt. Gewerkspezifische Pläne, Protokolle und Listen lassen sich für alle Teilbereiche der Elektroinstallation sowie der Elektroautomation erstellen.

Software für Elektroinstallation und -automation

Kernnutzen von DDS-CAD ist die gewerkeübergreifende Planung für die Bereiche Elektro-, Sanitär-, Heizungs-, Klima- und Lüftungstechnik. Der Anwender der Software kann Zeichnungen, Schnitte, Ausschnitte, Stromlaufpläne und Stücklisten des Projektes erstellen. Damit kann er Gewerke der technischen Gebäudeausrüstung nicht nur durchgängig planen, sondern auch die erbrachten Leistungen transparent und rasch dokumentieren. Zudem werden durch eindeutige Ausführungspläne und automatische Kontrollen Montagefehler vermieden.

Durchgängige Planung

Als Methode der Planung von Bauprojekten setzt sich das sogenannte Building Information Modelling (BIM) zurzeit weltweit durch. DDS-CAD ist dafür bereits gerüstet, denn DDS engagiert sich schon seit Langem für den Austausch „intelligenter" 3-D-Gebäudemodell-Daten über das Format IFC. DDS-CAD ist als Open-BIM-Software seit mehr als einem Jahrzehnt entsprechend zertifiziert. DDS gilt als einer der Pioniere des BIM und Open BIM.

Pionier des Building Information Modelling

Auf den folgenden Seiten gewinnen Sie Einblicke in die Planung eines Großraumbüros per DDS-CAD.

Schritt 1: Eingabe des Grundrisses

Zwei Alternativen Grundlage für jede DDS-CAD-Planung bildet das Gebäude, in dem die Installation erfolgen soll. Der Anwender kann zwei Alternativen nutzen, ein Gebäude planerisch anzulegen:

- durch den Dateiimport von Grundriss-Plänen im Format IFC, DXF, DWG, JPG, BMP, PDF
- durch die eigene Eingabe eines Grundrisses oder Gebäudemodells

Daten nutzen oder neu anlegen Bei beiden Varianten steht nach einigen Mausklicks das Gebäude als Planungsbasis zur Verfügung. Nur wenn es keine Pläne gibt – weder als Daten noch auf Papier –, müssen Sie Ihre Planungen in DDS-CAD von Grund auf neu anlegen. Um zum Beispiel für die Planung eines Sanierungsobjekts Zeichnungen in Papierform für eine computergestützte Planung nutzbar zu machen, können Sie per DDS-CAD die eingescannten Papier-Pläne weiterbearbeiten. Die Scan-Pläne bilden dabei die zweidimensionale Basis, aus welcher das dreidimensionale Gebäudemodell entwickelt werden kann.

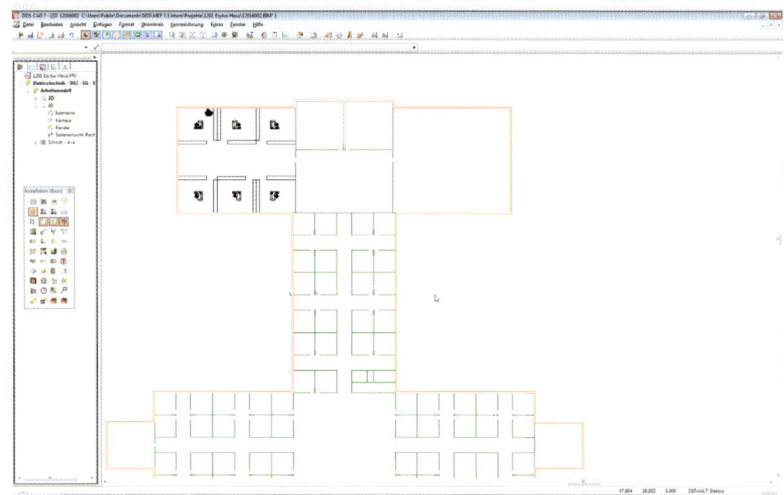

Abb. 100: *Zweidimensionale Basis in DDS-CAD*

Schritt 2: Visualisierung in 3-D für die Kundenberatung

Für eine schnelle 2-D-Planung der Gebäudetechnik können Sie bereits die zweidimensionale Basis nutzen. Soll im Rahmen der Kundenberatung das Projekt visualisiert oder soll die volle Leistung von DDS-CAD genutzt werden (diverse Berechnungen, Kollisionskontrollen), so ist das Anlegen eines dreidimensionalen Gebäudemodells sinnvoll.

Dreidimensionales Gebäudemodell

Alle maßgeblichen Daten (beispielsweise Raumgrößen, Wandstärken, die Ausstattung des Objekts mit Fenstern und Türen) werden in einer Art „virtuellem Raumbuch" erfasst und stehen anschließend für verschiedene Zwecke zur Verfügung (z. B. Berechnungen, Stücklistenerstellung, Visualisierung des Gebäudes). Komplette Gebäude lassen sich inklusive der Einrichtungsgegenstände fotorealistisch darstellen. Auch das Simulieren von Lichtsituationen ist möglich.

„Virtuelles Raumbuch"

Das Beispiel eines Großraumbüros, dessen Arbeitsplätze durch Schrankwände voneinander getrennt sind, sieht so aus:

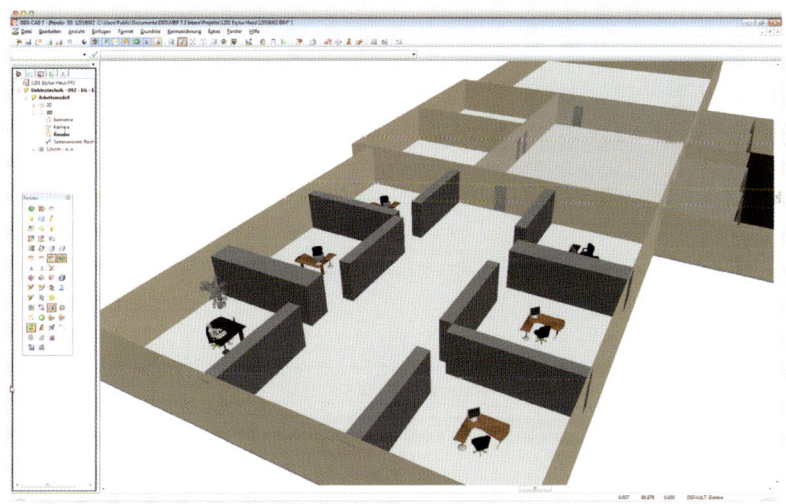

Abb. 101: 3-D-Modell eines Großraumbüros

Schritt 3: Auswahl der Bauteile aus der Datenbank

Datenbank mit vielen Informationen
Zur Software gehört eine umfassende Datenbank an verfügbaren Bauteilen. Hierbei handelt es sich nicht nur um reine Symbole; vielmehr stehen für jedes Bauteil zusätzliche Informationen zur Verfügung. Dazu gehören:

- Dimensionen
- 3-D-Zeichnungsinformationen
- technische Daten
- Leistung
- Anschlusspunkte

Gewerkespezifisches Know-how
Die Datensätze enthalten gewerkspezifisches Know-how. Für den Bereich Elektroautomation sind diese integrierten technischen Daten beispielsweise die Voraussetzung für die Ausgabe einer Warnung, falls sich im Laufe der Planung von Bauteilen und Kabeln eine Unterdimensionierung ergeben sollte.

ESYLUX-Produkte als intelligente Objekte enthalten
Alle Präsenz- und Bewegungsmelder, Beleuchtungsprodukte sowie Notleuchten aus dem ESYLUX-Programm sind als intelligente Objekte in der Bauteil-Datenbank enthalten.

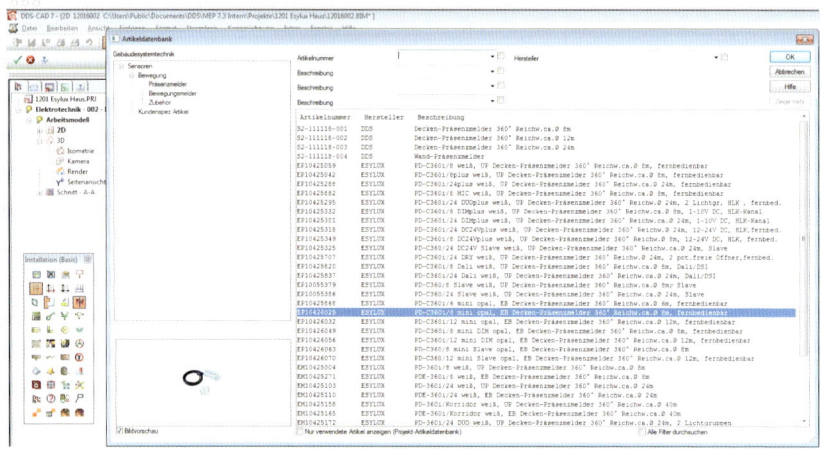

Abb. 102: *Datenbank mit Bauteilen und verknüpftem Know-how*

Schritt 4: Platzierung der Bauteile in der Planungsgrundlage

Ist die Auswahl des gewünschten Produktes getroffen, wird der Artikel in der Planungsgrundlage (Gebäudemodell bzw. Grundriss) platziert. Dies geschieht, indem das zugehörige Symbol des Artikels per Mausklick an der gewünschten Position angeordnet wird.

Artikel per Mausklick platzieren

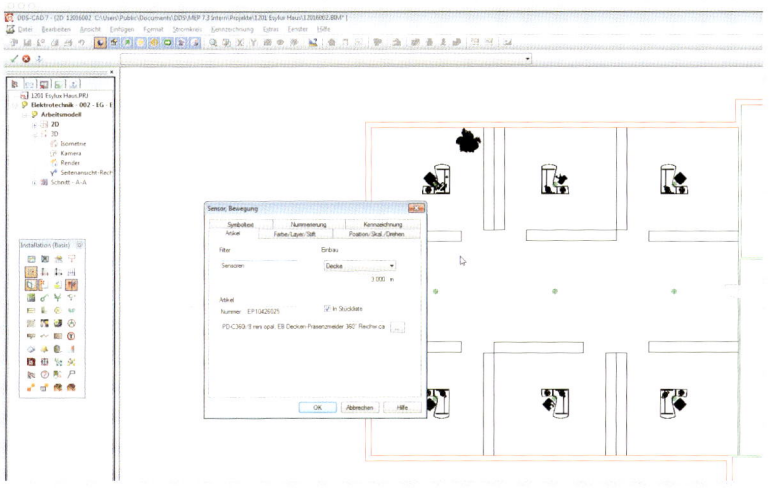

Abb. 103: Platzierung der Bauteile in der Planungsgrundlage

Automatismen sichern im weiteren Verlauf die Plausibilität der Planung. Beispielsweise fließen sämtliche Stromkreisinformationen in die Stromlaufpläne mit ein. Änderungen in der Installation werden durch den integrierten Stromkreismanager automatisch in den entsprechenden Stromlaufplan übernommen.

Plausibilität ist gesichert

Auch umgekehrt finden sich Änderungen am Stromlaufplan unmittelbar in der Installationsplanung wieder. Dies stellt sicher, dass Stromlaufplan und geplante Gegebenheiten in der Installationsplanung immer zu 100 Prozent übereinstimmen.

Installationsplanung und Stromlaufplan

Schritt 5: Simulation der Erfassungsbereiche der Präsenzmelder

Werden Präsenz- und Bewegungsmelder des Hauses ESYLUX geplant, so können deren Erfassungsbereiche bereits in dieser Planungsphase simuliert werden. Dies erlaubt dem Anwender eine sichere Beurteilung bzw. Überprüfung des erfassten Bereichs. Durch Kegel werden drei Bereiche dargestellt: der Arbeitsbereich, der Erfassungsbereich bei Bewegungen frontal zum Melder sowie der Gehbereich.

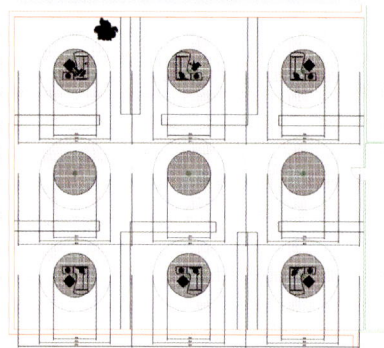

Abb. 104: 2-D-Darstellung der Erfassungsbereiche

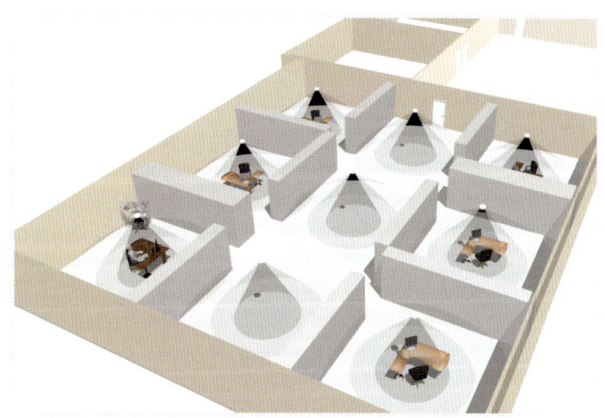

Abb. 105: 3-D-Darstellung der Erfassungsbereiche

Schritt 6: Planung von Verlegesystemen, Durchbrüchen, Kabelsträngen und Bauteil-Anschlüssen

Auch Leitungen und Verlegesysteme wie Kabelrinnen oder -kanäle sowie -rohre werden einfach mit der Maus platziert. Sie werden in der Planung visualisiert und automatisch in die Stückliste aufgenommen.

Platzierung von Leitungen und Verlegesystemen

Eine automatische Kollisionskontrolle verhindert dabei das Platzieren an Positionen, die bereits durch andere Bauteile belegt sind. Auch weitere Fehlerquellen können im Vorfeld aufgespürt werden. Denn die Planungsergebnisse werden durch die Software auf eventuell notwendige Korrekturen hin untersucht:

Aufspüren von Fehlerquellen

- Gibt es Kollisionen von Leitungen, Trassen oder Rohren?
- Sind alle Bauteile angeschlossen?
- Sind die Kabelquerschnitte korrekt gewählt?

Diese und weitere Fragen beantwortet DDS-CAD mittels integrierter Kontrollfunktionen per Mausklick. Sollte die Planung Fehler aufweisen, führt DDS-CAD den Anwender zum entsprechenden Punkt in der Planung, also in die infrage kommende Etage, dort in den betreffenden Raum und innerhalb dieses Raumes zum Bauteil, um das es geht. Auf diese Weise verfügen die Anwender über eine zusätzliche Prüfinstanz mit „eingebautem Fachwissen", die es erleichtert, funktionierende Planungsergebnisse zu erzielen und zu dokumentieren.

Zusätzliche Prüfinstanz

Übrigens können mehrere Mitarbeiter gleichzeitig in den Daten arbeiten. Beispiel: Während der Fachplaner für die Elektrotechnik die Elektroanlagenplanung bearbeitet, optimiert sein Kollege zeitgleich die von ihm durchgeführte Planung der Lüftungsanlage. Dies geschieht innerhalb eines Netzwerks in demselben Projekt und führt zu entsprechenden Geschwindigkeitsvorteilen.

Gleichzeitiger Zugriff

Schritt 7: Stücklistenerstellung

Lückenlose Liste Mit der Stücklistenfunktion erstellt DDS-CAD eine lücken-lose Liste der eingeplanten Materialien und Bauteile. Die Struktur der Liste richtet sich nach den Erfordernissen des Anwenders.

Ausgabestruktur Beispielsweise können die Materialmengen ausgegeben werden nach:

- Geschoss
- Raum
- Bereich

Datenübergabe durch Schnittstellen Über direkte Schnittstellen oder über Standardformate wie GAEB können die Daten anschließend an eine Kalkulations-software übergeben werden. Hier erstellt der Anwender an-hand der Daten, die er aus seiner DDS-CAD-Planung über-nommen hat, sein Angebot, seine Ausschreibungsunterlagen oder seine Rechnung. Dieses Vorgehen sorgt dafür, dass er exakt kalkulieren und damit realistische Angebote abgeben kann.

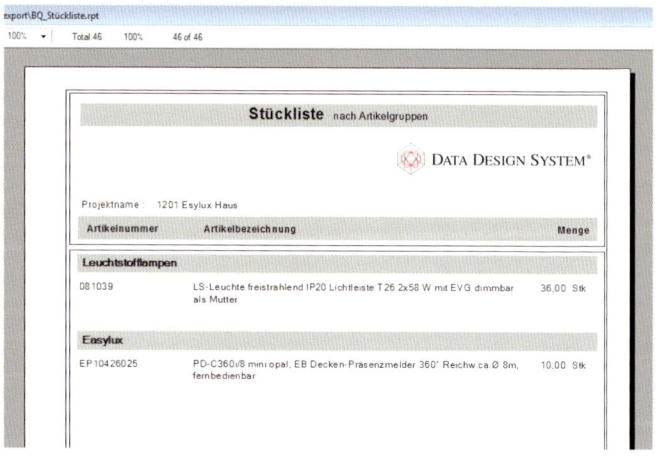

***Abb. 106:** Auszug aus einer Stückliste*

Schritt 8: Reports zur Dokumentation des Projektes

Die Software erstellt und aktualisiert automatisch Stromlaufpläne (ein- und allpolig), Zeichnungs-, Blatt-, Revisions-, und Verteilerlisten. Mit den eindeutigen Ausführungsplänen entstehen auf der Baustelle keine Unsicherheiten oder Fehler.

Keine Unsicherheiten

Auch Prüfvorgänge unterstützt DDS-CAD: An geeignete Prüfgeräte übergibt die Software die erforderlichen Planungsdaten über eine Datenschnittstelle. Dies erspart die manuelle Dateneingabe in das Gerät. Nach durchgeführter Prüfung können die ermittelten Prüfdaten durch DDS-CAD zurückgelesen und für die Erstellung des Prüfprotokolls nach ZVEH innerhalb der Software verwendet werden.

Prüfungen und Prüfprotokollierung

Ist eine Planung beendet, erwartet der Kunde eine umfassende Dokumentation. Auch zur eigenen Sicherheit ist ein Nachweis der Vollständigkeit sowie der Fehlerfreiheit wichtig. Diesen erbringt DDS-CAD in digitaler Form oder auf Papier.

Dokumentation digital oder auf Papier

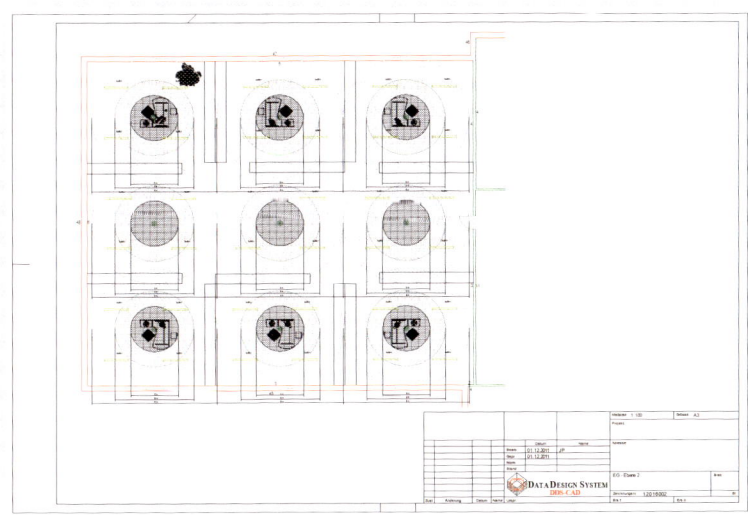

Abb. 107: Vorbereitung der Ausgabe eines Plans auf Papier

Fazit

Änderungen sind
einfach durchführbar

Bis zu 80 Prozent des gesamten Planungsaufwandes machen Änderungen an der ursprünglichen Planung aus. Zudem verursachen auch Planungsfehler zum Teil erhebliche Kosten bei einem Projekt. Per DDS-CAD sind Änderungen einfach und fehlerfrei durchführbar. Der Planer kann die eingebrachten Änderungen auch allen übrigen an der Planung beteiligten Stellen ohne Informationsverlust und reibungslos übermitteln – und zwar ohne dass Mehrfacheingaben derselben Daten nötig werden, denn diese wiederholten Eingaben würden wiederum Fehlerpotenzial mit sich bringen.

Von alten Plänen zu
intelligenten Dateien

DDS-CAD bietet zudem die Möglichkeit, eingescannte Pläne von Bestandsgebäuden, die nur in Papierform vorliegen, zu intelligenten Gebäudemodell-Dateien umzuarbeiten. Auf Basis dieser so mit DDS-CAD erfassten Gebäudemodelle kann sodann die Sanierungs- oder Umbauplanung der Haus- und Gebäudetechnik auf zeitgemäße Weise erfolgen.

Weitere Module

Wer nicht nur die eingangs angesprochenen Gewerke planen will, kann übrigens Erweiterungen nutzen. So ist ein Modul für Flucht-, Rettungs- und Feuerwehrpläne ebenso erhältlich wie vollwertige Energieberater-Ergänzungen.

DDS-CAD legt seinen Funktionsschwerpunkt auf die Planung der Gebäudetechnik. Dennoch bietet die Software auch eine Lichtberechnung nach der Wirkungsgradmethode. Um anhand der DDS-CAD-Planungsdaten auch eine ausgefeilte weitergehende Lichtberechnung zu ermöglichen, ist die CAD-Lösung mit direkten Datenschnittstellen zu RELUX und DIALux ausgestattet. Mithilfe dieser kostenlosen Speziallösungen kann der Anwender somit unter Nutzung der DDS-CAD-Daten eine detaillierte Lichtberechnung durchführen. Wie eine Lichtberechnung mit Relux abläuft, erfahren Sie im nächsten Kapitel.

6.3 Softwareunterstützte Planung eines Klassenzimmers am Beispiel ReluxSuite

Die Relux Informatik AG (Schweiz) entwickelt, produziert und vertreibt Lichtplanungssoftware und versteht ihr Produkt heute als das modernste Angebot auf dem internationalen Markt. Diese Software wird vor allem von Lichtplanern, Architekten, Elektroinstallateuren und anderen Fachplanern genutzt. Die Planungshilfsmittel werden den Anwendern dabei zum großen Teil kostenlos zugänglich gemacht.

Software für Fachplaner

Das Softwarepaket trägt den Namen ReluxSuite. Das Paket beinhaltet folgende Programme:

Mehrere Bestandteile

- *ReluxPro*
  ReluxPro ist das Herzstück der Planungssoftware. Es wird den Anwendern kostenlos zur Verfügung gestellt und durch die Herstellerfirmen finanziert.
- *ReluxSensor*
  Mit ReluxSensor lässt sich die optimale Abdeckung der Sensorerfassungsbereiche in 3-D sowie in 2-D planen.
- *ReluxOffer*
  Dieses Modul stellt eine Liste der ausgewählten Produkte zusammen und erzeugt darauf basierend ein Angebot. Die Darstellung ist auch auf Ausschreibungsansicht umschaltbar.
- *ReluxEnergy*
  Mit diesem Modul kann der Anwender den Energienachweis nach den Normen EN 15193 sowie DIN 18599 erbringen. Im Zusammenhang mit der DIN 18599 erhält der Nutzer als Orientierungshilfe ein farbliches Feedback über eventuelle Problembereiche.
- *ReluxLum*
  Mit diesem Programm lassen sich Messdaten erfassen sowie Lichtverteilungskurven im Eulum-Format erstellen und bearbeiten. ReluxLum ist kostenpflichtig.

Die Programmbestandteile sind aufeinander abgestimmt und exklusiv unter Windows lauffähig.

Viele Produktdaten sind enthalten

Die Software stellt dem Planer in allen Planungsphasen viele aktuelle Produktdaten von Leuchten-, Lampen- und Sensorherstellern bereit, darunter auch Daten von ESYLUX. Pro Jahr werden die Produktdaten nach Aussage von Relux von mehreren Zehntausend Anwendern aktiv in Planungen genutzt.

Forum

Auf der Relux-Website gibt es auch ein Forum, in dem die Nutzer Fragen diskutieren können, etwa zu den Themen „Konstruieren/Planen", „Import/Export" sowie „Berechnung".

Abb. 108: Themen im Relux-Forum

Beispiel: Klassenzimmer

Auf den folgenden Seiten gewinnen Sie Einblicke in die fünf Schritte, die bei der Planung per ReluxSuite zu gehen sind. Als Beispielraum wurde ein Schulklassenzimmer gewählt, das 8,5 Meter breit und 10,5 Meter tief ist. Es soll mit zwei Lichtbändern beleuchtet werden, die ein Präsenzmelder steuert. Dabei soll bei ausreichendem Tageslicht das Lichtband an der Fensterseite durch die einstellbare Lichtwertmessung am Präsenzmelder separat ausgeschaltet werden können. Neben den beiden Lichtbändern soll es eine Tafelbeleuchtung geben, die – zusammen mit den anderen Leuchten – abschaltet, wenn der Präsenzmelder nach definierter Nachlaufzeit keine Bewegungen im Raum mehr wahrnimmt.

Schritt 1: Definition des Raumes

Basis für die Lichtplanung bildet der Raum, der normgerecht ausgeleuchtet werden soll. Der Nutzer hat zwei Möglichkeiten, um diese Basis in ReluxSuite zu schaffen:

Import oder manuelles Anlegen

- durch den Import von CAD-Daten (DXF und DWG für 2-D) sowie DXF, 3DS sowie WRL für 3-D)
- durch manuelles Anlegen

Legt der Anwender das Raummodell manuell an, kann er Templates nutzen (z. B. Rechteckraum, L-förmiger Raum). Er gibt die Abmessungen einschließlich der Raumhöhe ein, legt den Reflexionsgrad von Boden und Wänden fest und stellt die Höhe der Nutzebene ein. Die Nutzebene ist dabei die Messebene – in unserem Beispiel hat sie eine Höhe von 75 cm.

Raummaße eingeben

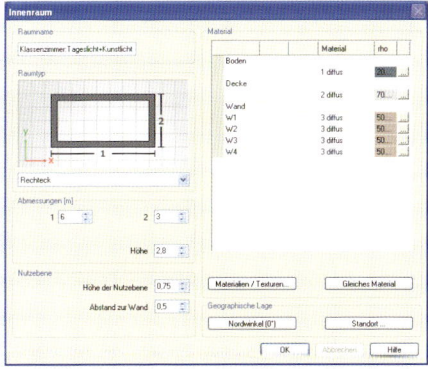

Abb. 109: *Anlegen des Raummodells*

Ist das Projekt angelegt, kann der Anwender die Daten in ReluxSuite modifizieren. Beispielsweise kann er auf Wänden befindliche Objekte wie Fenster, Türen und Bilder verschieben und skalieren. Dies ist sowohl im Grundriss als auch in der 3-D-Ansicht möglich. Auch eine differenzierte Raumgestaltung mit verschiedensten Möbeln und Materialien ist machbar: Eine Material-, Texturen- und Möbelbibliothek stellt die entsprechenden Daten bereit.

Differenzierte Raumgestaltung

Schritt 2: Auswahl und normkonformes Platzieren der Produkte

Daten von mehr als 300.000 Produkten Ist der Raum importiert oder angelegt, sind im nächsten Schritt die gewünschten Produkte auszuwählen und an geeigneter Stelle anzuordnen. Beim Auswählen der Leuchten und Sensoren greift der Anwender dabei auf eine Datenbank zu, die über 300.000 Produkte von etwa 100 Herstellern enthält. Sollte eine spezielle Leuchte nicht enthalten sein, kann die Lichtverteilungskurve dieser Leuchte über eine Importmöglichkeit eingelesen und genutzt werden.

Auf einen Blick Bei der Auswahl der Leuchte sieht der Anwender in der Software unter anderem:

- Aussehen (Foto)
- Lichtstärkeverteilung (Polardiagramm)
- Beschreibung (Produktinformationen)
- Leuchtmittel-Bestückung

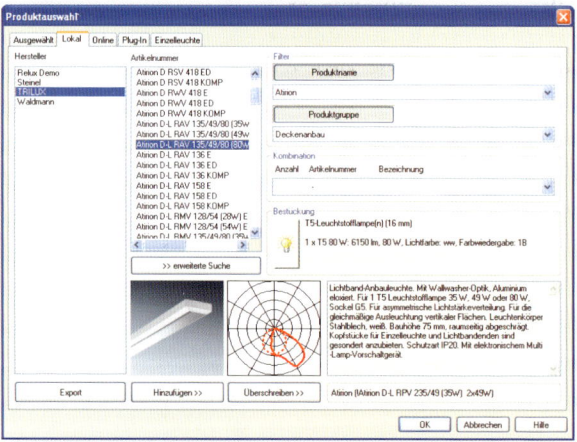

***Abb. 110:** Auswahl der gewünschten Leuchte*

Einfache Produktauswahl Die Planer können die Produkte dank der einheitlichen Struktur und der integrierten Suchfilter vergleichen und zielgerichtet auswählen.

Dabei kann sich die Auswahl einer Leuchte auch am gewünschten Leuchtmittel orientieren (z. B. LED).

Abb. 111: *Auswahl per Suchfilter*

Unter Berücksichtigung der normgerechten Beleuchtungsstärke ermittelt die Software mit dem Schnellplanungstool „Easylux" (sic!), wie viele Leuchten für den Raum benötigt werden. Sie schlägt auch die grobe Verteilung der Leuchten vor.

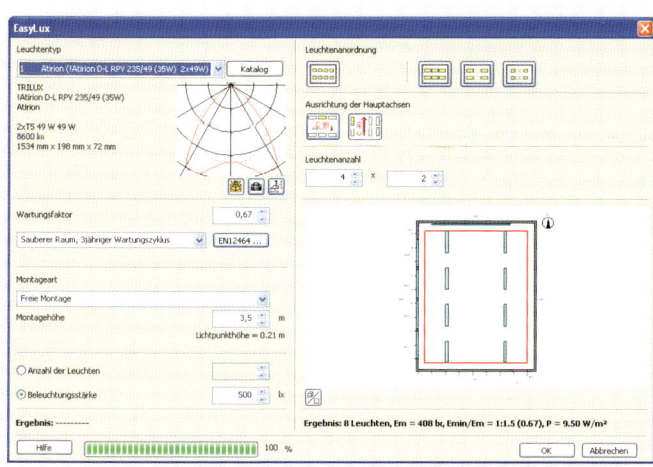

Abb. 112: *Schnellplanungstool „Easylux"*

Schritt 3: Simulation des Lichts

Simulation der Beleuchtungsstärke

Nachdem die Auswahl und Platzierung der Leuchten im Klassenzimmer abgeschlossen sind, folgt die Berechnung der Beleuchtungsstärke an unterschiedlichen Punkten des Raumes. In Abhängigkeit der platzierten Leuchten werden Isolinien-, Falschfarben- und 3-D-Lichtverteilungsdiagramme generiert.

Fotometrische Daten fließen ein

Die fotometrischen Daten aus der Datenbank werden auf den Raum bezogen und fließen in die Berechnung und in die Simulation ein – wie im hier dargestellten Beispiel des Klassenzimmers die Lichtverteilungskurve der ausgewählten Leuchte.

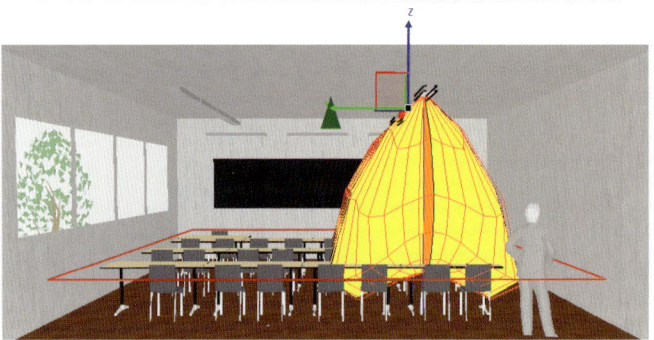

Abb. 113: *Darstellung der Lichtverteilungskurve der ausgewählten Leuchte*

Positionierung optimieren

Die Positionierung der Leuchten kann nun so lange optimiert werden, bis an allen Bereichen der gewünschte bzw. vorgeschriebene Wert erreicht ist.

Nutzebene mit 500 Lux

Im Beispiel auf der nächsten Seite ist eine Simulation zu sehen, bei der nur das rechte Lichtband sowie die Tafelbeleuchtung Kunstlicht liefert, während der linke Raumbereich durch das einfallende Tageslicht ausreichend beleuchtet wird. Bereiche, die auf der Nutzebene eine Beleuchtungsstärke von mindestens 500 Lux aufweisen, werden entsprechend farblich gekennzeichnet (hier grün).

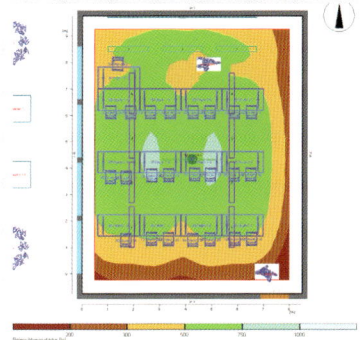

Abb. 114: *Simulation der Beleuchtungsstärke auf der Nutzebene*

Das Beispiel zeigt: Auch der Einfluss des Tageslichts mit verschiedenen Himmelszuständen wird bei der Berechnung berücksichtigt. Die Uhrzeit, das Datum und der im Relux-Projekt eingetragene Längengrad bestimmen den Sonnenstand und damit die Leuchtdichteverteilung des Himmels.

Sonnenstand wird berücksichtigt

Die folgende Abbildung simuliert die Verschattung des Klassenzimmers (nur Tageslicht, kein Kunstlicht). Dabei wird die Himmelsrichtung der Fenster berücksichtigt.

Simulation der Verschattung

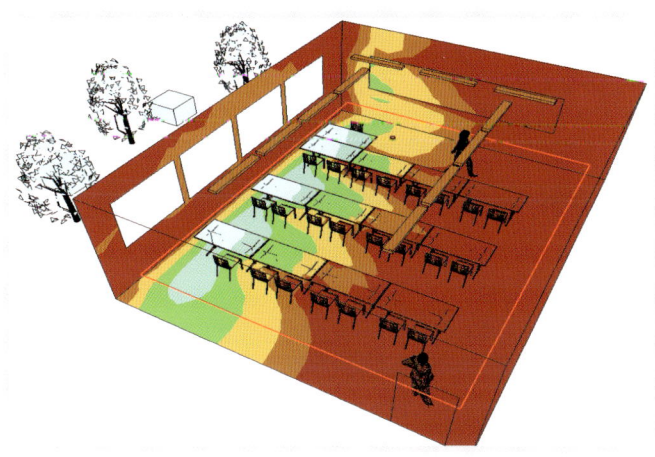

Abb. 115: *Verschattung des Klassenzimmers*

Rentabilität lässt sich errechnen

Mit den ermittelten Daten ist die Software in der Lage, die Rentabilität der Kunstlichtsteuerung zu errechnen. Damit möglichst realistische Werte ermittelt werden, können die Raumnutzungszeiten genau eingegeben werden.

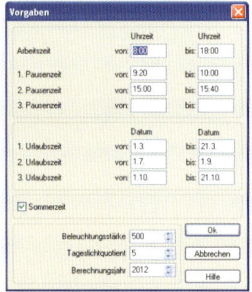

Abb. 116: *Eingabe der Raumnutzungszeiten*

Isolux-Diagramm

Zu welchen Zeiten (y-Achse) und in welchen Monaten (x-Achse) im simulierten Klassenzimmer Kunstlicht eingeschaltet werden muss, zeigt das Isolux-Diagramm.

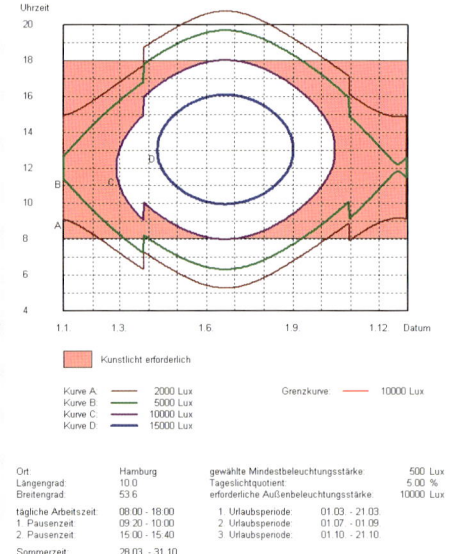

Abb. 117: *Isolux-Diagramm*

Da der Software bekannt ist, wie lange der Raum genutzt wird und wann das Tageslicht zur Beleuchtung ausreicht, können die jährlichen Energiekosten ermittelt werden. Dabei wird ausgewiesen, welche Kostenersparnis der Einsatz eines Präsenzmelders mit sich bringt.

Energiekosten ermitteln

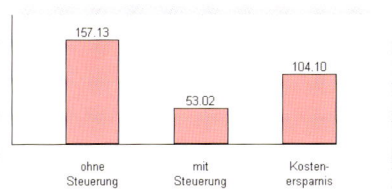

Abb. 118: *Ermittlung der Kostenersparnis*

Die Daten können in das ReluxEnergy-Modul importiert werden. Eine Ampelfunktion zeigt sofort, ob die geplante Beleuchtung des Raumes mit Blick auf den flächenbezogenen Energiebedarf den Richtlinien nach DIN 18599 entspricht.

Prüfung auf Normkonformität

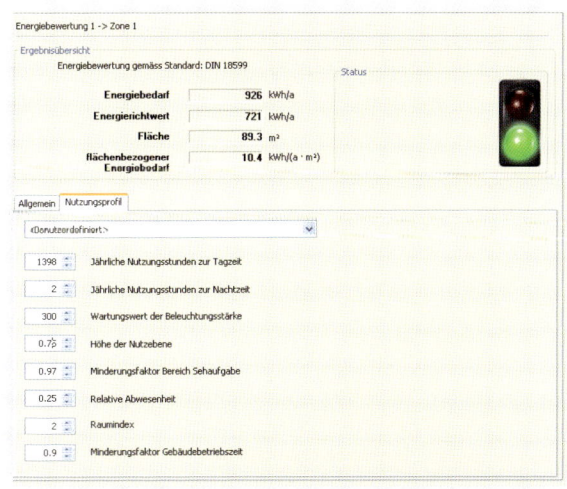

Abb. 119: *ReluxEnergy-Modul mit Ampelfunktion*

Schritt 4: Simulation der Erfassungsbereiche der Melder und Optimierung der Melderpositionen

Sparen mit Präsenzmeldern

In den meisten Fällen wird es mit Blick auf die mittel- sowie langfristige Energie- und damit Kostenersparnis sinnvoll sein, die Leuchten mit einem Präsenzmelder zu steuern. In unserem Beispiel wurde dazu der Melder DUOplus mit einem Erfassungsbereich von bis zu 24 Metern ausgewählt. Er kann zwei Beleuchtungszonen unabhängig voneinander steuern (hier: Fensterbereich und Innenbereich).

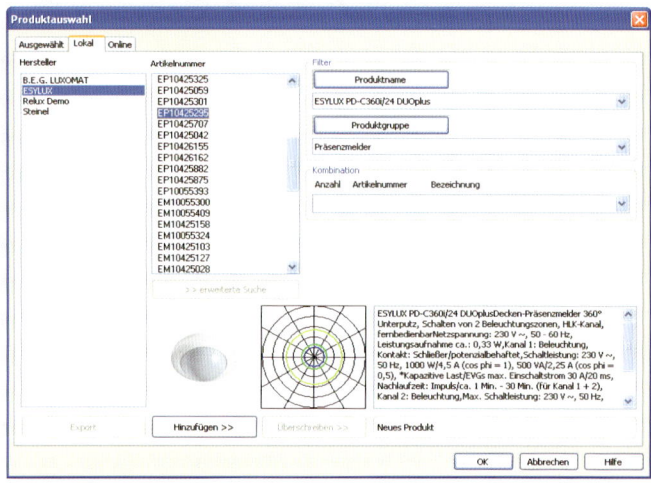

Abb. 120: Auswahl eines Präsenzmelders

Visualisierung der Erfassungsbereiche

Die Erfassungsbereiche der Sensoren können realitätsnah visualisiert werden. Dabei lassen sich die Präsenz-, Radial- und Tangentialbereiche darstellen – einzeln oder auch kombiniert. Die erfassten Bereiche können als Flächenprojektion dargestellt sowie als 3-D-Volumenkörper visualisiert werden. Anhand der Darstellung kann überprüft werden, ob der Melder ideal positioniert ist und alle relevanten Bereiche erfasst.

In unserem Beispiel ist es ausreichend, wenn sich alle Tische im Präsenzbereich befinden (blau).

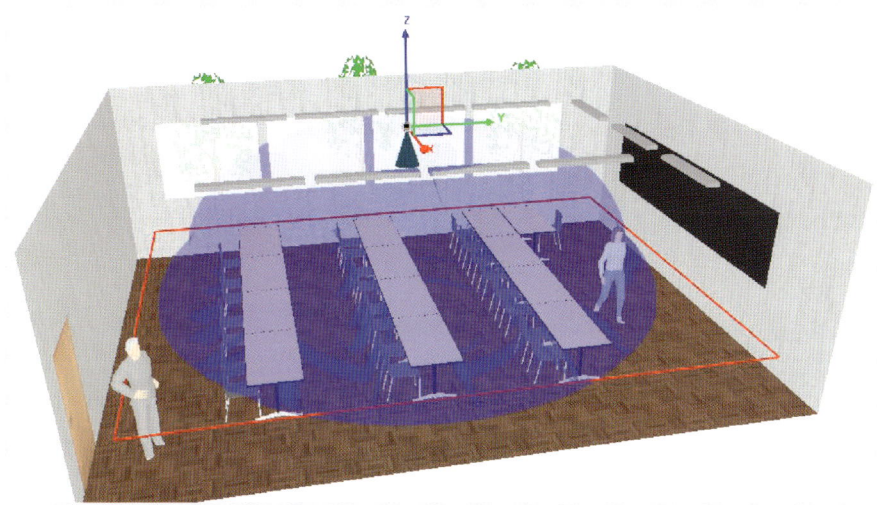

Abb. 121: *Visualisierung des Präsenzbereichs*

Wer durch die Tür eintritt, wird durch den Radialbereich erfasst (grün).

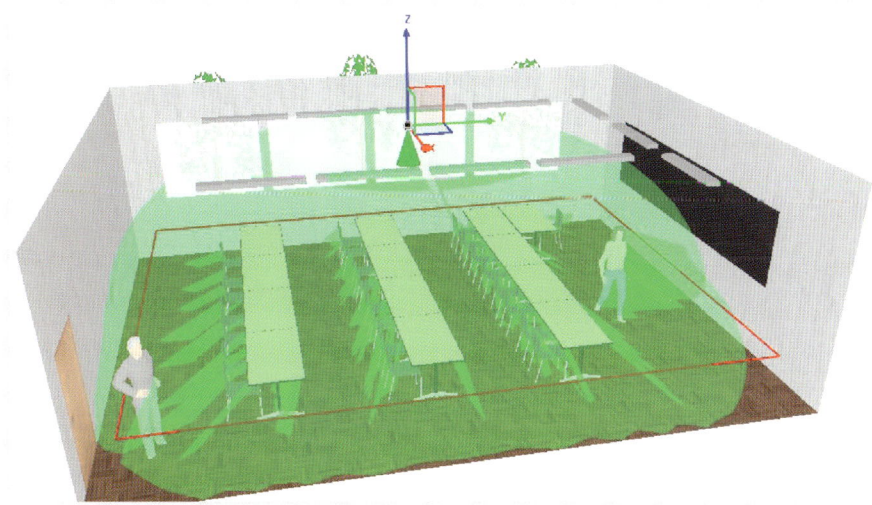

Abb. 122: *Visualisierung des Radialbereichs*

Gehbewegungen an der Tafel und an den Wänden erfasst der Tangentialbereich im gesamten Raum (gelb).

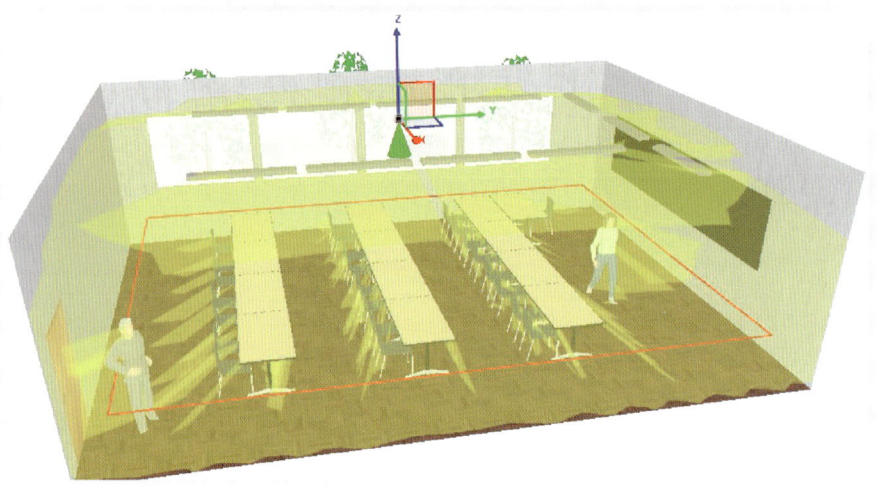

Abb. 123: *Visualisierung des Tangentialbereichs*

Tarnzonen Auch Verschattungen bzw. Tarnzonen werden berechnet und visualisiert.

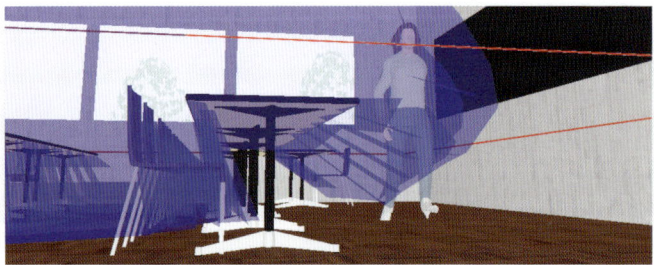

Abb. 124: *Visualisierung von Tarnzonen*

Im Falle einer Tischreihe sind die Tarnzonen nicht problematisch. Anders wäre es, wenn sich Säulen im Raum befinden. Ob in diesem Fall ein weiterer Präsenzmelder genutzt werden müsste, würde die Visualisierung zeigen.

Schritt 5: Ausgabe der Projektinformationen

Wenn die Leuchten und Melder so ausgewählt und platziert sind, dass sie eine normkonforme Beleuchtung des Raumes ermöglichen, ist die Lichtplanung abgeschlossen. Die Planungsdaten können nun ausgegeben werden – beispielsweise per PDF. Mittels eines Ausgabemanagers kann genau festgelegt werden, in welcher Detailtiefe die Ausgabe erfolgen soll. Die Ausgabedatei umfasst beispielsweise die technischen Daten der verwendeten Produkte sowie eine Darstellung von Berechnungsergebnissen:

Ergebnisse per PDF ausgeben

 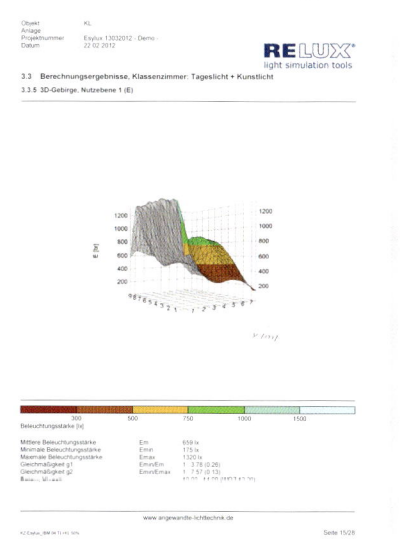

Abb. 125: Ausgabe der Planungsdaten

Außerdem können dargestellt werden (Auswahl):

- Sensorerfassungsbereiche
- Grundrisse und 3-D-Darstellung der Räume
- Isolinien der Nutzebene
- Falschfarben der Nutzebene
- 3-D-Leuchtdichte von verschiedenen Seiten

Darstellbare Daten

Ausgabe als Angebot Die Projektdaten können auch in Gestalt eines Angebots aus-gegeben werden. Alle ausgewählten Produkte werden dabei zu einer Liste zusammengefasst, wobei es möglich ist, Preise sowie Rabatte manuell einzutragen.

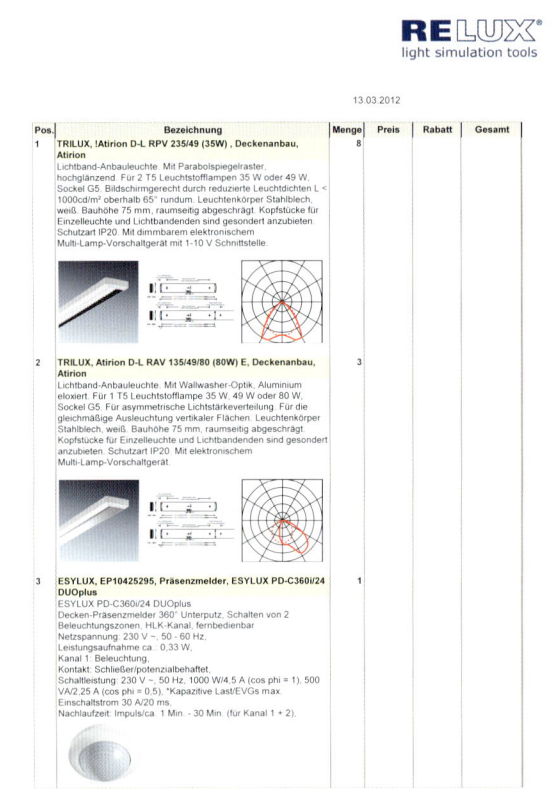

Abb. 126: *Ausgabe in Gestalt eines Angebots*

Ausgabe als Ausschreibung Auch eine Ausgabe in Form einer Ausschreibung ist reali-sierbar.

Fazit

ReluxSuite kann einzelne Räume, Geschosse mit mehreren Räumen sowie Gebäude mit mehreren Geschossen planen. Die Arbeit wird dadurch vereinfacht, dass Relux mit anderen Softwarelösungen zusammenspielt: Es gibt Schnittstellen zu Auto-CAD und anderen CAD-Programmen.

Zusammenspiel mit CAD-Software

Die Software erfasst in Abhängigkeit gesetzlicher Vorgaben viele Details:

Berücksichtigung von Vorgaben

- Unter Berücksichtigung energieeffizienzbezogener Normen wie der EN 15193 sowie der DIN 18599 zeigt das Programm an, ob Maximalwerte überschritten wurden und das Konzept überarbeitet werden muss. Einflussfaktoren sind dabei das rechnerische Maximum des zulässigen Energieverbrauchs pro Jahr sowie der derzeitige Energieverbrauch, den das Projekt aufweist.
- Die Software zeigt außerdem an, ob die Mindestanforderungen an die Beleuchtung von Arbeitsstätten in Innenräumen für die Bereiche der Sehaufgaben nach DIN EN 12464-1 erfüllt sind. Sie gibt dem Planer also die Sicherheit, lichttechnisch normkonform zu arbeiten.

Dabei wird beispielsweise auch berücksichtigt, dass in industriell genutzten Räumen Leuchten und Leuchtmittel Staub anlagern und der schlechtere Reflexionsgrad von Böden und Wänden den Lichtstrom entsprechend beeinflusst.

Auch Details werden berücksichtigt

Bei Relux liegt der Funktionsschwerpunkt auf der normkonformen Lichtplanung. Die visuellen Ergebnisse lassen sich per Radiosity, Raytracing bzw. ReluxMovie für eine Präsentation aufbereiten, auch in 3-D-Stereo. Es ist auch möglich, die erzeugten Bilddaten an Programme wie Cinema 4D und Avid weiterzugeben, um die Präsentationen in spezialisierten Bildbearbeitungs-, Animations- und Filmschnittprogrammen noch weiter zu verfeinern.

Weitergabe an Spezialsoftware

RICHTLINIE 2010/31/EU DES EUROPÄISCHEN PARLAMENTS UND DES RATES

vom 19. Mai 2010

über die Gesamtenergieeffizienz von Gebäuden

(Neufassung)

DAS EUROPÄISCHE PARLAMENT UND DER RAT DER EUROPÄISCHEN UNION —

gestützt auf den Vertrag über die Arbeitsweise der Europäischen Union, insbesondere auf Artikel 194 Absatz 2,

auf Vorschlag der Europäischen Kommission,

nach Stellungnahme des Europäischen Wirtschafts- und Sozialausschusses (¹),

nach Stellungnahme des Ausschusses der Regionen (²),

gemäß dem ordentlichen Gesetzgebungsverfahren (³),

in Erwägung nachstehender Gründe:

(1) Die Richtlinie 2002/91/EG des Europäischen Parlaments und des Rates vom 16. Dezember 2002 über die Gesamtenergieeffizienz von Gebäuden (⁴) ist geändert worden (⁵). Aus Gründen der Klarheit empfiehlt es sich, im Rahmen der jetzt anstehenden wesentlichen Änderungen eine Neufassung dieser Richtlinie vorzunehmen.

über Klimaänderungen (UNFCCC) einzuhalten und ihre langfristigen Verpflichtung, den weltweiten Temperaturanstieg unter 2 °C zu halten, sowie ihrer Verpflichtung, bis 2020 die Gesamttreibhausgasemissionen gegenüber den Werten von 1990 um mindestens 20 % bzw. im Fall des Zustandekommens eines internationalen Übereinkommens um 30 % zu senken, nachzukommen. Ein geringerer Energieverbrauch und die verstärkte Nutzung von Energie aus erneuerbaren Quellen spielen auch eine wichtige Rolle bei der Stärkung der Energieversorgungssicherheit, der Förderung von technologischen Entwicklungen sowie der Schaffung von Beschäftigungsmöglichkeiten und von Möglichkeiten der regionalen Entwicklung, insbesondere in ländlichen Gebieten.

(4) Die Steuerung der Energienachfrage ist ein wichtiges Instrument für die Union, um auf den globalen Energiemarkt und damit auf die mittel- und langfristige Sicherheit der Energieversorgung Einfluss zu nehmen.

(5) Der Europäische Rat hat bei seiner Tagung im März 2007 auf die Notwendigkeit einer Steigerung der Energieeffizienz in der Union hingewiesen, um auf diese Weise den Energieverbrauch in der Union bis 2020 um 20 % zu senken, und dazu aufgerufen, die Prioritäten, die in der Kommissionsmitteilung mit dem Titel „Aktionsplan für Energieeffizienz: Das Potenzial ausschöpfen" genannt werden, umfassend und rasch umzusetzen. In die-

In Innenräumen erforderliche Beleuchtungsstärken nach BGR 131

Arbeitsbereiche	Wartungswert der horizontalen Beleuchtungsstärke für den Arbeitsbereich	Wartungswert der horizontalen Beleuchtungsstärke für den Umgebungsbereich
Arbeitsbereiche, in denen sich Mitarbeiter bei der von ihnen auszuübenden Tätigkeit regelmäßig über einen längeren Zeitraum oder im Verlauf der täglichen Arbeitszeit nicht nur kurzfristig aufhalten	300 Lux	200 Lux
Arbeitsbereiche, in denen aus sehphysiologischen oder produktionsbezogenen Erfordernissen 1) Werte ab 500 Lux erforderlich sind, z.B. Büroarbeitsplätze, Laboratorien, Arbeitsplätze im Gesundheitswesen sowie alle Arbeitsbereiche mit besonderen Gefährdungen, z. B. Arbeitsplätze mit Kreissägen	500 Lux	300 Lux
Arbeitsbereiche, in denen Mitarbeiter sich nicht regelmäßig über einen längeren Zeitraum oder im Verlauf der täglichen Arbeitszeit nur kurzfristig aufhalten, z.B. für Tätigkeiten im Lager, jedoch nur für solche, die keine besonderen Gefährdungen aufweisen	200 Lux	200 Lux

1) siehe DIN EN 12464-1, die für vor allem für Arbeitsbereiche Wartungswerte der horizontalen Beleuchtungsstärke 500 Lux vorgibt

Kapitel 7
Einblicke
in die Welt relevanter
Normen und Vorgaben

Haustechnik-Planer und -Installateure haben es in der Hand,

den Energieverbrauch in Gebäuden deutlich zu senken –

durch intelligente Konzeptionen und deren professionelle

Umsetzung. Das Senken des Primärenergieverbrauchs wird

dabei durch Gesetzgeber, Normen, Standards und Regelwerke

unterstützt. Daneben sind zudem Vorgaben zu beachten, die

sich auf Merkmale des Lichtklimas beziehen.

Berufsausübung und rechtliche Vorgaben	Eine jegliche Berufsausübung ist in Deutschland durch rechtliche Vorgaben geprägt. Dies gilt in besonderem Maße für Lichtplaner, Architekten, Elektroinstallateure sowie alle anderen, die mit der Konzeption und Realisierung von Gebäudetechnik zu tun haben.
Erste Orientierung	Dieses Kapitel gibt eine erste Orientierung für diese Vorgaben. Da sich die Vorgaben weiterentwickeln und auch immer wieder ergänzt werden, der Platz in diesem Buch aber begrenzt ist, wird kein Anspruch auf Vollständigkeit erhoben.

7.1 Das Zusammenspiel von EU-Verordnungen, EU-Richtlinien, nationalen Gesetzen und Verordnungen, Normen, Standards und Regelwerken

Rechtsakte bzw. Regelwerke	Bei den rechtlichen Rahmenbedingungen, die zu beachten sind, lassen sich folgende Rechtsakte bzw. Regelwerke unterscheiden:*

- EU-Verordnungen und EU-Richtlinien
- nationale Gesetze und Verordnungen
- Normen
- Standards und Regelwerke
- Gütesiegel

EU-Verordnungen und EU-Richtlinien

EU-Verordnungen	Die europäischen Rechtsakte mit der stärksten Wirkung sind *Verordnungen.* Sie werden in einem ordentlichen Gesetzgebungsverfahren erlassen und sind auch ohne die Umsetzung in nationales Recht in allen ihren Teilen verbindlich. Mit ihrem Inkrafttreten gelten sie in allen Mitgliedstaaten der Europäischen Union gleichermaßen.

---

* Diese Beschreibung entstand unter Berücksichtigung von Material, das die Deutsche Energie-Agentur (dena) bereitstellte. Eine ausführlichere Darstellung finden Sie unter www.energieeffizienz-online.info.

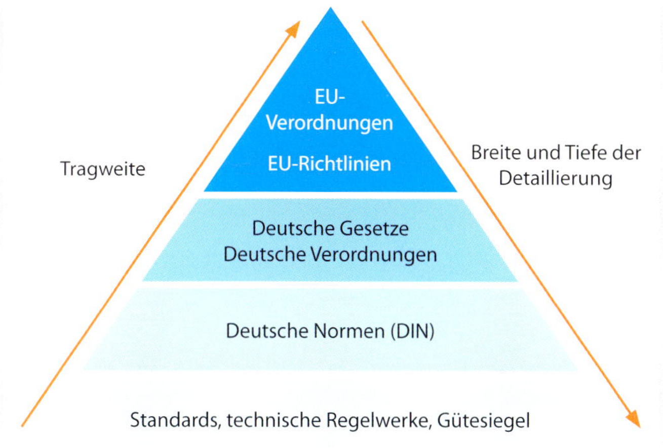

Abb. 127: *Hierarchie der Rechtsakte und Regelwerke*

Gegenüber Verordnungen geben die *Richtlinien* der EU lediglich verbindliche Ziele vor, die von den Mitgliedstaaten innerhalb einer vorgegebenen Frist in nationales Recht umgesetzt werden müssen. Bei der Umsetzung der EU-Richtlinien in nationale Gesetze oder nationale Verordnungen wird den Mitgliedstaaten ein gewisser Spielraum gegeben, in dem sie ihre Maßnahmen zur Zielerreichung eigenständig definieren dürfen. Können sie nicht fristgerecht in nationales Recht umgesetzt werden, entfalten sie eine unmittelbare Wirkung und dürfen von den Mitgliedstaaten angewandt werden.

EU-Richtlinien

Nationale Gesetze und Verordnungen

Die Umsetzung des Europäischen Rechts erfolgt in Deutschland durch Gesetze und Verordnungen. An oberster Stelle stehen die *Gesetze,* die eine vom Staat festgesetzte rechtlich bindende Vorschrift sind. Gesetze sind Rechtsnormen, die in einem förmlichen Gesetzgebungsverfahren vom Gesetzgeber (Legislative) verabschiedet wurden.

Gesetze

Verordnungen sind Rechtsnormen, die durch die Regierung oder eine Verwaltungsstelle (Exekutive) erlassen wurden, jedoch keines förmlichen Gesetzgebungsverfahrens bedürfen.

Verordnungen

Normen

Stand der Technik Normen unterstützen den Staat im Rahmen seiner Gesetz-
gebungstätigkeit, indem die rechtlichen, technischen und
sonstigen Rahmenbedingungen der Gesetze und Verordnungen detailliert und durch konkrete Maßnahmen beschrieben werden. Sie spiegeln möglichst den aktuellen Stand
der Technik wider und schreiben ihn flexibel fort. Jedoch
besitzen Normen in der Regel lediglich den Charakter von
Empfehlungen und haben keine rechtsverbindliche Wirkung.

Normen gibt es auf drei Ebenen:

DIN-Normen
1. Auf der ersten Ebene handelt es sich um rein *nationale*
   Normen, die sogenannten DIN-Normen. Sie sind ausschließlich durch die Mitarbeit von Vertretern deut-
   scher Stakeholder entstanden und gelten vorwiegend
   für den deutschen Binnenmarkt.

DIN EN-Normen
2. EN-Normen werden auf *europäischer Ebene* erarbeitet
   und spiegeln die Interessen von Stakeholdern aus den
   Mitgliedstaaten beim Europäischen Komitee für Normung (CEN) in Brüssel. EN-Normen müssen nach der
   Ratifizierung durch alle Mitgliedstaaten unverändert
   übernommen werden (DIN EN-Normen). Sie haben
   das Ziel, den Europäischen Binnenmarkt zu harmoni-
   sieren, indem sie Handelshemmnisse abbauen.

DIN EN ISO-Normen
3. Auf der obersten Ebene stehen die ISO-Normen. Diese
   werden auf *internationaler Ebene* erarbeitet und spiegeln die Interessen der über 150 Länder, die als Mitglieder bei der Internationalen Organisation für Normung
   (ISO) in Genf vertreten sind. Im Gegensatz zu den Europäischen Normen gibt es für ISO-Normen keine Über-
   nahmepflicht für die Mitglieder. Werden ISO-Normen
   in Deutschland freiwillig übernommen, so tragen sie
   den Titel „DIN ISO-Normen". Werden ISO-Normen
   jedoch vom CEN übernommen, dann wird ihre Über-
   nahme auch in den CEN-Mitgliedstaaten zur Pflicht
   (DIN EN ISO-Normen).

Standards und Regelwerke

Standards können von einem Kreis von Unternehmen (Industriestandards) oder auch nur einem Unternehmen (Werkstandards) unter Ausschluss der Öffentlichkeit erarbeitet werden. Ein Standard kann sich im Laufe der Zeit entwickeln, indem sich ein bestimmtes Produkt oder Verfahren durch die Praxis der Anwender und Hersteller als richtig und nützlich erwiesen hat.

Industrie- und Werkstandards

Da Standards ohne die Einhaltung von festgelegten Verfahren – wie z. B. Beteiligung der Öffentlichkeit oder Konsensfindung – wesentlich schneller erarbeitet werden können als Normen, dienen sie oft als Grundlage für die spätere Normungsarbeit.

Grundlage für Normen

Gütesiegel

Gütesiegel sind grafische oder schriftliche Markierungen an Produkten oder Dienstleistungen, die eine Aussage über die Qualität, Sicherheitsanforderungen oder Umwelteigenschaften der Güter treffen. Als Umweltzeichen oder Ökolabel werden Gütesiegel bezeichnet, die besonders umweltfreundliche Produkte und Dienstleistungen innerhalb einer Produktgruppe kennzeichnen. Beispiele sind der Blaue Engel, das Eco-Label und der ENERGY STAR.

Aussage über bestimmte Eigenschaften

7.2 Energieeffizienzbezogene Normen und Regelwerke

Am 9. Mai 1992 wurde in New York City die Klimarahmenkonvention verabschiedet. Die fast 200 Vertragsstaaten der Konvention treffen sich jährlich zu den UN-Klimakonferenzen. Die bekannteste dieser Konferenzen fand 1997 im japanischen Kyoto statt und erarbeitete das Kyoto-Protokoll. In ihm kommt der weltweite Wille, Energie einzusparen und das Klima zu schützen, klar zum Ausdruck: Es legte völker-

Klimarahmenkonvention

rechtlich verbindliche Zielwerte für den Ausstoß von Treibhausgasen fest.

Ehrgeizige Ziele

Der Europäische Rat hat im Geiste des Kyoto-Protokolls ehrgeizige Ziele verabschiedet. Bis zum Jahr 2020 sollen folgende Werte erreicht werden:

- 20 Prozent weniger Treibhausgas-Emissionen
- 20 Prozent Anteil erneuerbare Energien
- 20 Prozent Erhöhung Energieeffizienz

Zur Dekarbonisierung verpflichtet

Darüber hinaus hat sich der Europäische Rat langfristig zur Dekarbonisierung verpflichtet: Die EU und andere Industrieländer sollen bis 2050 ihre CO_2-Emissionen um 80 bis 95 Prozent reduzieren. Besonderes Augenmerk gilt dabei dem vorhandenen Gebäudebestand, da hier – neben dem Verkehrssektor – die potenziell größten Energieeffizienzgewinne vermutet werden: 40 Prozent des Endenergieverbrauchs entfallen allein auf das Beheizen von Gebäuden.

Politischer Wille schafft Handlungsdruck

Der politische Wille schlägt sich im Gestalten entsprechender Rahmenbedingungen in Gestalt von Verordnungen, Richtlinien, Gesetzen, Normen sowie Standards nieder, die EU-weit sowie national Handlungsdruck schaffen.

Normen und Gesetze

Zu diesen Grundlagen gehören unter anderem folgende Texte:

- Richtlinie über die Gesamtenergieeffizienz von Gebäuden 2010/31/EG (= Neufassung der EU-Richtlinie 2002/91/EG)
- Öko-Design-Verordnung (EG) Nr. 245/2009 (gewerbliche Beleuchtungsprodukte)
- DIN EN 15193 (Energetische Bewertung von Gebäuden, Energetische Anforderungen an die Beleuchtung)
- DIN EN 15232 (Auswirkungen der Gebäudeautomation und des -managements auf die Energieeffizienz)
- DIN EN 15603 (Energieeffizienz von Gebäuden – Gesamtenergiebedarf und Festlegung der Energiekennwerte)

- DIN V 18599 (Energetische Bewertung von Gebäuden)
- Energieeinsparverordnung (EnEV)
- Energieeinsparungsgesetz (EnEG)

Einige dieser Grundlagen werden im Folgenden etwas genauer betrachtet.

DIN EN 15193 (Energetische Bewertung von Gebäuden, Energetische Anforderungen an die Beleuchtung)

Die Norm legt die Berechnungsmethodik für die Bewertung der Energiemenge fest, die zur Innenraumbeleuchtung innerhalb von Gebäuden benötigt wird. Die Energieeinsparverordnung (EnEV) nimmt für die Berechnung des Energiebedarfs der Beleuchtung jedoch nicht Bezug auf diese Norm, sondern auf die DIN V 18599-4. Im Rahmen des öffentlich-rechtlichen Nachweisverfahrens muss also die DIN V 18599-4 verwendet werden.

Energiebedarf der Beleuchtung

DIN EN 15232 (Energieeffizienz von Gebäuden – Auswirkungen der Gebäudeautomation und des Gebäudemanagements)

Die europäische Norm EN 15232 wurde in Zusammenhang mit der europaweiten Umsetzung der Richtlinie zur Energieeffizienz in Gebäuden 2002/91/EG erarbeitet.

Energieverbrauch von Gebäuden

Die Norm beschreibt Methoden für die Bewertung des Einflusses von Gebäudeautomationssystemen (▸GA-Systemen) und Maßnahmen des Technischen Gebäudemanagements (▸TGM) auf den Energieverbrauch von Gebäuden. Die DIN EN 15232 berücksichtigt dabei die Tatsache, dass mit GA- und TGM-Systemen der Energieverbrauch verringert werden kann.

Einfluss von GA-Systemen und TGM

Die Verfahren können für bestehende Gebäude sowie für die Planung neuer oder renovierter Gebäude angewendet werden.

Für bestehende und neue Gebäude

Vier GA-Effizienzklassen

Dabei werden Wohnhäuser und Nicht-Wohnhäuser unterschieden und jeweils in vier verschiedene GA-Effizienzklassen eingeteilt:

- *Klasse A*
  Ein hocheffizientes GA-System und TGM. Gegenüber Klasse B müssen die Regeleinrichtungen der HLK-Systeme bedarfsgeführt sein und gewerkeübergreifend mit der übrigen Gebäudetechnik (Elektrik, Licht, Verschattung) kommunizieren können.

- *Klasse B*
  Ein weiterentwickeltes GA-System mit einigen speziellen TGM-Funktionen. Gegenüber Klasse C müssen Raum-Regeleinrichtungen in der Lage sein, mit einem GA-System zu kommunizieren.

- *Klasse C*
  Standard-GA-System. Die Beleuchtungsstärke ist von Hand einstellbar, also dimmbar.

- *Klasse D*
  Das GA-System ist nicht effizient oder gar nicht vorhanden. Das Ein- und Ausschalten der Beleuchtung erfolgt von Hand. Diese Gebäude sind zu modernisieren. Neue Geschäfts- und Zweckbauten dürfen nicht mit solchen GA-Systemen gebaut werden.

Abb. 128:
Die vier Effizienzklassen von Gebäudeautomationssystemen

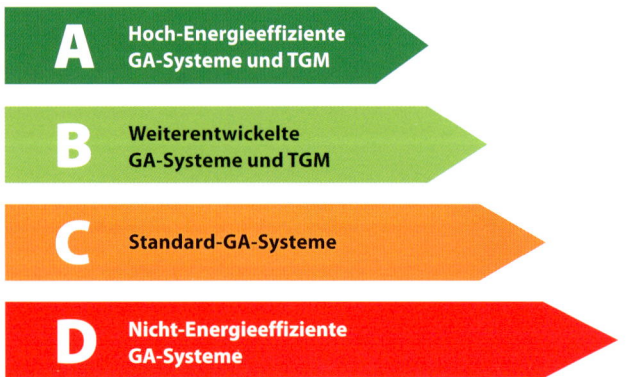

A — Hoch-Energieeffiziente GA-Systeme und TGM

B — Weiterentwickelte GA-Systeme und TGM

C — Standard-GA-Systeme

D — Nicht-Energieeffiziente GA-Systeme

Man beachte, dass sich die Klassifizierung auf das Ausstattungsniveau der GA bzw. des TGM bezieht. Dies wird deutlicher, wenn wir uns die Klassen genauer anschauen. Wir beschränken uns dabei auf die Klassen A und B, da ein GA-System in Klasse D gar nicht vorhanden ist und zu Klasse C ein Standard-System gehört, das für die Klassen A und B den Referenzpunkt bildet:

Klasse A

Die Effizienzklasse A ist dadurch gekennzeichnet, dass die Raumautomation hoch energieeffizient ist und Gewerke vernetzt sind. Im Einzelnen bedeutet das unter anderem:

Hoch energieeffizient und vernetzt

- Die Beleuchtung wird bei Anwesenheit von Personen und bei Unterschreitung einer bestimmten Raumhelligkeit (parametrierbarer Sollwert) automatisch oder durch den Raumnutzer manuell eingeschaltet. Die Steuerung ist also außenlichtabhängig und erfolgt über Präsenzmelder.
- Die erforderliche Lichthelligkeit der künstlichen Beleuchtung wird automatisch so eingestellt, dass die erforderliche Lichtstärke im Raum auf einen konstanten Wert geregelt wird (▸Konstantlichtregelung).
- Die Beleuchtungsstärke im Raum ist abhängig von der Nutzungsart.
- Das Ausschalten erfolgt automatisch bei Abwesenheit von Personen im Raum. Dies erfolgt nach einer einstellbaren Ausschaltverzögerung oder automatisch bei Überschreitung einer bestimmten Raumhelligkeit.

Klasse B

Die Effizienzklasse B ist gekennzeichnet durch höherwertige, gewerkeoptimierte Einzellösungen, die partiell vernetzt sind (Beleuchtung und HLK):

Partiell vernetzte Einzellösungen

- Die Beleuchtung wird bei Anwesenheit von Personen und der Unterschreitung einer bestimmten Raumhelligkeit (parametrierbarer Sollwert) automatisch oder durch den Raumnutzer manuell eingeschaltet. Wie bei der Klasse

A ist die Steuerung also außenlichtabhängig und erfolgt über Präsenzmelder. Eine Konstantlichtregelung ist allerdings im Gegensatz zur Klasse A nicht vorhanden.

- Das Ausschalten erfolgt automatisch bei Abwesenheit von Personen im Raum. Dies erfolgt nach einer einstellbaren Ausschaltverzögerung oder automatisch bei Überschreitung einer bestimmten Raumhelligkeit.

Abschätzung von Energieeinsparfaktoren

Mit der Norm DIN EN 15232 lassen sich auch Energieeinsparfaktoren abschätzen, die im Zusammenhang mit der Energiebewertung verwendet werden können. Dabei fällt zum Beispiel bei den Büros auf, dass zwischen der GA-Klasse D (keine Gebäudeautomation vorhanden) und der GA-Klasse A (hocheffizientes GA-System und TGM) mehr als Faktor 2 liegt. Mit anderen Worten: Ein hochwertiges GA-System kann den Energieverbrauch halbieren.

DIN V 18599 (Energetische Bewertung von Gebäuden)

Gesamtenergieeffizienz von Gebäuden

Die Norm stellt eine Methode zur Berechnung der Gesamtenergieeffizienz von Gebäuden dar. Absicht ist es, den Energiebedarf des Gebäudes zu reduzieren, etwa durch Tageslichtnutzung sowie Präsenzsteuerung. Teil 4 regelt Parameter und Funktionen der Raum- und Gebäudeautomation hinsichtlich des Nutz- und Endenergiebedarfs für Beleuchtung.

Beeinflussende Faktoren

Faktoren, welche die Beleuchtungsenergie beeinflussen, sind unter anderem:

- Kunstlichtbeleuchtung (beeinflussende Parameter sind hierbei u. a. Leuchte, Leuchtmittel, Vorschaltgerät, Beleuchtungsart, Raum)
- Tageslichtabhängige Beleuchtungsregelung (zu den Parametern zählen hier Kontrollstrategie, Funktionsumfang, Kalibrierung, manuell/automatisch)
- Tageslichtnutzung (beeinflussende Parameter sind u. a. geografische Lage, Klimadaten, Gebäude, Raum, Fenster, Sonnenschutzsystem, Nutzungsprofil)

Teil 10 der DIN V 18599 behandelt Nutzungsrandbedingungen. Einflussfaktoren sind dabei unter anderem:

- Nutzungszeiten
- Präsenzabhängigkeit

Energieeinsparungsgesetz (EnEG)

Das Gesetz zur Einsparung von Energie in Gebäuden bildet die Grundlage für Verordnungen wie zum Beispiel die Energiesparverordnung EnEV. Die Bundesregierung wird in diesem Gesetz ermächtigt, Anforderungen vorzuschreiben, denen zu errichtende Gebäude genügen müssen. Diese Anforderungen beziehen sich unter anderem auf „die Effizienz von Beleuchtungssystemen, insbesondere den Wirkungsgrad von Beleuchtungseinrichtungen, die Verbesserung der Tageslichtnutzung, die Ausstattung zur Regelung und Abschaltung dieser Systeme" (Paragraf 2 Abs. 2 Nr. 7). Damit sind Präsenz- und Bewegungsmelder angesprochen.

Grundlage für die EnEV

Energieeinsparverordnung (EnEV)

Die Verordnung über energiesparenden Wärmeschutz und energiesparende Anlagentechnik bei Gebäuden EnEV regelt unter anderem:

Regelungen durch die EnEV

- Ausstellung und Verwendung von Energieausweisen für Gebäude
- Energetische Mindestanforderungen für Neubauten
- Energetische Mindestanforderungen für Modernisierung, Umbau, Ausbau und Erweiterung bestehender Gebäude

Die Deutsche Energie-Agentur dena hat auf der Website www.energieeffizienz-online.info alle Richtlinien, Gesetze, Verordnungen, Normen und Standards sowie die wichtigsten Gütesiegel zusammengetragen, die im Kontext Energieeffizienz relevant sind.

7.3 Lichttechnische Normen und Regelwerke

Zu den Normen und Vorgaben, die lichtbezogene Aspekte
regeln, gehören unter anderem die folgenden Texte:

- DIN 5035 Beleuchtung mit künstlichem Licht
- DIN EN 12464-1 Licht und Beleuchtung, Beleuchtung
  von Arbeitsstätten: Arbeitsstätten in Innenräumen
- DIN EN 12665 Licht und Beleuchtung, grundlegende
  Begriffe und Kriterien für die Festlegung von Anforde-
  rungen an die Beleuchtung
- Berufsgenossenschaftliche Regel für Sicherheit und
  Gesundheit bei der Arbeit (BGR) 131 „Natürliche und
  künstliche Beleuchtung von Arbeitsstätten"
- Technische Regeln für Arbeitsstätten (ASR) A3.4 „Be-
  leuchtung"

Wie schon im Kapitel zuvor werden auch hier einige dieser
Grundlagen etwas genauer betrachtet.

DIN EN 12464 Licht und Beleuchtung

Die Norm DIN EN 12464-1 behandelt die Anforderungen an
die Beleuchtung von Arbeitsstätten in Innenräumen unter
Berücksichtigung der Sehleistung und des Sehkomforts. Sie
ersetzt wesentliche Teile der Normen DIN 5035 Teil 2, 3, 4,
7, DIN 67505 und DIN 67528.

Die Norm beschreibt die Hauptmerkmale des Lichtklimas.
Dazu zählen Parameter wie Leuchtdichteverteilung, Be-
leuchtungsstärke, Blendung, Lichtrichtung, Lichtfarbe und
Farbwiedergabe, Flimmern und Tageslicht.

Für die Beleuchtungsplanung wird die zu beleuchtende Fläche in zwei Bereiche unterteilt:

- Bereich der Sehaufgabe
- unmittelbarer Umgebungsbereich

Die Beleuchtungsstärke des unmittelbaren Umgebungsbereiches soll eine ausgewogene Leuchtdichteverteilung ergeben. Beispielsweise soll die Beleuchtungsstärke im Bereich der Sehaufgabe 500 lx und die Gleichmäßigkeit 0,7 betragen (unmittelbarer Umgebungsbereich: 300 lx; Gleichmäßigkeit: 0,5). Die Lichtplanungssoftware ReluxSuite berücksichtigt solche von der DIN EN 12464-1 vorgegebenen Werte (siehe S. 201) und zeigt dem Planer, ob seine Konzeption normkonform ist.

Technische Regeln für Arbeitsstätten (ASR) A3.4 „Beleuchtung"

Die Technischen Regeln für Arbeitsstätten (ASR) sind ein Teil des Arbeitsschutzes. Sie geben den Stand der Technik, Arbeitsmedizin und Arbeitshygiene sowie sonstige gesicherte arbeitswissenschaftliche Erkenntnisse für das Einrichten und Betreiben von Arbeitsstätten wieder.

Die Technische Regel A3.4 beruht auf der BGR 131, Teil 2 „Leitfaden zur Planung und zum Betrieb der Beleuchtung" des Fachausschusses „Einwirkungen und arbeitsbedingte Gesundheitsgefahren" der Deutschen Gesetzlichen Unfallversicherung (DGUV). Die grundlegenden Inhalte der BGR 131, Teil 2 wurden dabei in das Regelwerk übernommen.

Die Festlegungen der ASR A3.4 dienen der Sicherheit und dem Gesundheitsschutz der Beschäftigten am Arbeitsplatz und beschreiben für ausgewählte Tätigkeiten die erforderliche Beleuchtung zur gesundheitsgerechten Erledigung der Sehaufgaben. Der Einfluss des Tageslichts am Arbeitsplatz wird so weit berücksichtigt, wie dies für die Gesundheit und Sicherheit der Beschäftigten erforderlich ist. Die ASR A3.4 beschreibt die zu berücksichtigenden Beleuchtungsanforderungen für Arbeitsräume, Arbeitsplätze und Tätigkeiten und gibt für die Beleuchtungsstärken Mindestwerte an.

Die Anforderungen der ASR 3.4 weichen in Einzelfällen von Normen, insbesondere von der DIN EN 12464-1, ab. Grund: Die DIN EN 12464-1 legt Planungsgrundlagen für Beleuchtungsanlagen fest, berücksichtigt aber nicht die Anforderungen, die an Sicherheit und Gesundheitsschutz der Beschäftigten bei der Arbeit zu stellen sind.

Die Unternehmensgemeinschaft licht.de hat auf ihrer Website www.licht.de für Lichtplaner, Architekten und Installateure die wichtigsten nationalen und internationalen DIN-Normen und VDE-Vorschriften zusammengestellt, die bei der Beleuchtungsplanung berücksichtigt werden müssen.

7.4 Weitere Normen und Regelwerke

Viele weitere Vorgaben

Neben energieeffizienzbezogenen und lichttechnischen Regelungen gibt es eine Fülle weiterer Vorgaben, die im Einzelfall beachtet werden müssen, sowie Prüfungen und Kennzeichnungen, die für viele Produkte verpflichtend sind. Dazu gehört beispielsweise die CE-Kennzeichnung. Sie ist ein Hinweis darauf, dass das Produkt geprüft wurde und es den gesetzlichen Anforderungen der EU zur Gewährleistung von Gesundheitsschutz, Sicherheit und Umweltschutz entspricht, bevor es in Verkehr gebracht wurde.

Hersteller müssen

- die für ihr Produkt gültigen Richtlinien beachten
- den grundlegenden Anforderungen gerecht werden, die ein Produkt erfüllen muss, damit der Hersteller die CE-Kennzeichnung anbringen kann
- ggf. eine Bewertung des Geräts vornehmen lassen, um eine rechtlich bindende Konformitätserklärung ausstellen zu können
- eine interne Fertigungskontrolle durchführen
- eine technische Dokumentation erstellen, die eine Be-

wertung der Übereinstimmung des Geräts mit den Anforderungen der Richtlinie ermöglicht

■ nach erfolgreicher Durchführung der zuvor genannten
Schritte die CE-Kennzeichnung sichtbar und lesbar am
Produkt anbringen

Abb. 129: *Die CE-Kennzeichnung ermöglicht den freien Warenverkehr innerhalb des Europäischen Marktes von Produkten, die den Anforderungen der EU-Gesetzgebung entsprechen. Sie ist ein Garant für die Konfor-
mität eines Produkts mit den geltenden rechtlichen Bestimmungen.*

7.5 Fazit

Die DIN EN 15232, die DIN V 18599 sowie die Energieeinsparverordnung EnEV bilden für die energieeffiziente Beleuchtungssteuerung mittels Präsenzmeldern die normrechtliche Grundlage für Planungen. Ab 2012 sind Vorgaben der
Gebäudeautomation zu berücksichtigen. Werden diese Vorgaben missachtet, kann dies als Sachmangel geltend gemacht
werden.

**Normrechtliche
Grundlage**

Anhang

Glossar

1...10-V-Schnittstelle

Die analoge 1...10-V-Schnittstelle ist der gebräuchlichste firmenübergreifende Standard für die Ansteuerung von Betriebsgeräten (beispielsweise 1...10-V-EVGs zur Regelung der Beleuchtung). Die Ansteuerung erfolgt über ein störungssicheres Gleichspannungssignal von 1...10 V. Die Steuerleistung wird vom EVG erzeugt.

Beleuchtungsstärke

Die Beleuchtungsstärke bezeichnet die Menge des Lichtstroms, die auf eine bestimmte Fläche auftritt.

blue mode

Die „blue mode"-Technologie von ESYLUX ermöglicht die schaltlastfreie Inbetriebnahme und Programmierung von ESYLUX Präsenz- und Bewegungsmeldern und erhöht somit deutlich die Lebensdauer der angeschlossenen Leuchten und Relais. Zur Visualisierung des Programmiermodus dient eine in den Melder integrierte blaue LED, durch die jeder Programmschritt klar und verständlich angezeigt wird.

DALI

DALI steht für „Digital Adressable Lighting Interface" (digitale adressierbare Beleuchtungsschnittstelle) und wurde von der Leuchtenindustrie als Schnittstellenstandard für die Ansteuerung elektronischer Vorschaltgeräte (EVG) eingeführt. DALI löst die analoge 1...10-V-Schnittstelle sukzessiv ab. DALI ermöglicht ein flexibles Lichtmanagement als Einzelraumlösung; es ist kein Bussystem für die Gebäudesteuerung. Manche Präsenzmeldermodelle fungieren als Steuergerät mit integrierter Schnittstellenversorgung.

Einschaltströme

Bei elektronischen Vorschaltgeräten und Multi-EVGs ist mit einem vielfach höheren Einschaltstrom gegenüber dem Nennstrom zu rechnen. Für die Dauerlast sind externe Relais/ Schütze bzw. ein ESYLUX Relais- oder Strombegrenzungs-Modul zu verwenden.

Energieeffizienzklassen

Um die Energieeffizienz von Gebäuden bewerten zu können, wurden die vier Energieeffizienzklassen A bis D eingeführt (siehe S. 209). Gebäude werden je nach Ausstattung mit Gebäudeautomationssystemen einer dieser Klassen zugeordnet. Für jede Klasse kann in Abhängigkeit von Gebäudetyp und Gebäudenutzung das Einsparpotenzial für thermische und elektrische Energie berechnet werden.

Energiesparlampe

Energiesparlampen sind bis zu 80 Prozent effizienter als Glühlampen; ihre Lebensdauer reicht von 5.000 bis 15.000 Stunden (Glühlampe: rund 1.000 Stunden). Häufiges An- und Ausschalten verkürzt die Lebensdauer. Viele Lampen verlieren schon lange bevor sie kaputtgehen ihre volle Leuchtkraft. Energiesparlampen haben meist eine Aufheizphase, in der noch nicht die volle Helligkeit erreicht wird.

EULUMDAT

EULUMDAT ist ein Format für den Austausch von photometrischen Daten zur Lichtstärkeverteilung von Lichtquellen. Die typische Dateiendung ist *.ldt.

EVG

Abkürzung für Elektronisches Vorschaltgerät

GA

GA ist die Abkürzung für Gebäudeautomation. Als Gebäudeautomation bzw. Gebäudeautomatisierung wird die Gesamt-

heit von Überwachungs-, Steuer, Regel- und Optimierungs-
einrichtungen in Gebäuden bezeichnet. Zur GA gehören
Produkte, Software und technische Dienstleistungen für
die automatische Steuerung und Regelung, Überwachung
und Optimierung und das Management, mit deren Hilfe
die Gebäudeausrüstung energieeffizient, wirtschaftlich und
sicher bedient werden kann. Damit die verschiedenen Gebäude bezüglich der installierten GA-Systeme unterschieden werden können, sind in der Norm DIN EN 15232 GA-
Energieeffizienzklassen definiert (siehe S. 209f.).

GM

GM ist die Abkürzung für Gebäudemanagement. Auch die
Abkürzung GMS für Gebäudemanagementsystem ist geläu-
fig. Das Gebäudemanagement bezeichnet die Gesamtheit der
mit dem Management, dem Betrieb und der Überwachung
von Gebäuden (einschließlich Anlagen und Installationen)
verbundenen Leistungen. Das Gebäudemanagement kann
Teil des Facility Managements sein.

HF

Abkürzung für Hochfrequenz

HLK

Abkürzung für Heizung, Lüftung, Klimaanlage

Hysterese

Hysterese beschreibt ein Systemverhalten, bei dem die Ausgangsgröße nicht allein von der Eingangsgröße abhängt, sondern auch vom vorherigen Zustand der Ausgangsgröße. Das
System kann bei gleicher Eingangsgröße mehrere Zustände
einnehmen. Hysterese kann verstanden werden als gewisser
Totbereich um den Schwellwert, um den sich der Ist-Wert
ändern muss, um ein Umschalten in den gegenteiligen Aus-
gangszustand zu bewirken. Vereinfacht dargestellt, schaltet
ein Präsenzmelder im Rahmen der Mischlichtmessung das

Kunstlicht beim Erreichen von beispielsweise 700 Lux ab, aber erst beim Unterschreiten von beispielsweise 500 Lux wieder ein, was einer Hysterese von 200 Lux entspricht.

KNX

KNX ist ein Feldbus zur Gebäudeautomation und steuert gewerkeübergreifend Heizung, Beleuchtung, Jalousien, Belüftung und Sicherheitstechnik. Die Leitung verbindet Sensoren und Aktoren und versorgt die Busgeräte in den meisten Fällen mit Energie. Gegenüber konventioneller Installationstechnik ermöglicht KNX eine erhebliche Reduzierung des Verkabelungsaufwandes bei dezentraler Anordnung der Busgeräte. Die Spezifikation von KNX wurde in die europäische Norm EN 50090 übernommen; diese Norm wurde auch als internationale Norm ISO/IEC 14543-3 akzeptiert.

Konstantlichtregelung

In Räumen, in denen eine hohe Tageslichtversorgung vorhanden ist, ist es sinnvoll, die Raumhelligkeit und die Anwesenheit von Personen mit Sensoren zu erfassen und mit dimmbaren ▸Leuchtmitteln die künstliche Beleuchtung an die geforderte Helligkeit anzupassen. Die Gesamthelligkeit des Raumes wird somit automatisch auf einem konstanten Helligkeitsniveau gehalten. Das Energieeinsparpotenzial ist mit bis 50 Prozent gegenüber einer nicht geregelten Anlage sehr hoch.

Lampe

Während der Begriff Lampe früher allgemein für die Bezeichnung von Lichtgeräten verwendet wurde, bezeichnet er in der modernen fachsprachlichen Verwendung nur das ▸Leuchtmittel, das in einer ▸Leuchte eingesetzt wird.

LED

LED steht für „Licht emittierende Diode". Ähnlich wie ▸Energiesparlampen sind LEDs um rund 80 Prozent effizienter als Glühlampen. LEDs haben eine Haltbarkeit von mehr als 20 Jahren (rund 25.000 Stunden, manche Modelle liegen deutlich darüber). Somit müssen Leuchtmittel auf LED-Basis seltener gewechselt werden. LEDs fallen nicht plötzlich aus (wie traditionelle Glühlampen), sondern lassen in ihrer Leuchtkraft langsam nach. Bei 70 Prozent ihrer ursprünglichen Helligkeit gelten sie als defekt.

Leuchte
Eine Leuchte bezeichnet einen Gegenstand, der der Beleuchtung dient und dazu ein ▸Leuchtmittel aufnehmen kann oder ein fest installiertes Leuchtmittel enthält.

Leuchtmittel
Leuchtmittel sind alle elektrischen Betriebsmittel und elektrischen Verbraucher, die dazu dienen, Licht zu erzeugen, sowie alle Gegenstände, die durch chemische oder physikalische Vorgänge Licht hervorbringen. Sie bilden eine Lichtquelle. Leuchtmittel sind meist in einer ▸Leuchte untergebracht.

Wichtige Daten eines Leuchtmittels sind:
- Leistungsaufnahme (Nennleistung)
- Lichtausbeute (typische Werte siehe Lichtquelle)
- ▸Lichtstrom in Lumen
- Beleuchtungswirkungsgrad in Lumen/Watt
- ▸Lichtstärke
- Betriebsspannung (Nennspannung)
- Betriebsstrom (Nennstrom)
- Fassungs- bzw. Sockeltyp

Lichtstrom
Als Lichtstrom wird die von einer Lichtquelle abgegebene Strahlungsmenge im sichtbaren Bereich bezeichnet.

Photometrie
Photometrie bezeichnet die Messung von Strahlungsgrößen.

PIR

Abkürzung für Passiv-Infrarot

Radiosity

Radiosity bzw. Radiosität ist ein Verfahren zur Berechnung der Verteilung von Wärme- oder Lichtstrahlung innerhalb eines virtuellen Modells. In der Bildsynthese ist Radiosity neben auf Raytracing basierenden Algorithmen eines der beiden wichtigen Verfahren zur Berechnung des Lichteinfalls innerhalb einer Szene.

TGM

TGM ist die Abkürzung für Technisches Gebäudemanagement. Gegenstandsbereich des technischen Gebäudemanagements sind die mit dem Betrieb und dem Management von Gebäuden und gebäudetechnischen Anlagen in Zusammenhang stehenden Prozesse und Dienstleistungen. Sie umfassen zum Zwecke der optimierten Wartung und des optimierten Energieverbrauchs die gesamte technische Gebäudeausrüstung wie zum Beispiel die Heizung, Lüftung und Klimaanlagen (HLK) über Beleuchtung und Nutzung des Tageslichts, Sicherheitsmaßnahmen, Elektroenergieanlagen, Energieüberwachung und Energiemessung mit Verbrauchszählern bis zu den Dienstleistungen einschließlich Kommunikation und Wartung. Das TGM stellt tendenzielle Angaben beim Energieverbrauch zur Verfügung, warnt bei unnötigem Energieverbrauch und kann via Regelung, Überwachung und Optimierung die Energieeffizienz verbessern.

Watt (W)

Die Wattzahl gibt den Energieverbrauch eines Leuchtmittels an, unabhängig davon, wie gut sie diese Energie in Licht umwandelt. Die Helligkeit lässt sich – außer bei Glühlampen – nicht durch die Wattzahl bestimmen.

Stichwort- und Namenverzeichnis

Namen von Personen, Orten, Organisationen und Unternehmen sind kursiv dargestellt.

Danke!

Es stehen zwar vier Namen auf dem Umschlag, zur Verwirklichung dieses Buches haben jedoch viele Menschen beigetragen. Daher sagen wir aus ganzem Herzen Danke:

- *den ESYLUX-Kunden:* Danke für Ihre Tipps. Ohne Ihre Bereitschaft, Feedback zu geben, wären viele Verbesserungen später oder nie entstanden.
- *Markus Christen, Field Marketing Manager Systeme, Zumtobel Licht AG, sowie Dr.-Ing. Oliver Rösch, Business Development Manager LED, Philips Lighting OEM:* Danke für Ihre Hinweise zum Thema Konstantlichtregelung mit LED-Systemen.
- *Hans R. Ris, langjähriger Redakteur der Schweizer Fachzeitschrift ELEKTROTECHNIK sowie Autor zahlreicher Fachbücher, sowie Hans-Joachim Slischka (VDE), Fachberater für Elektrotechnik in der Medizin sowie Mitglied der Deutschen Kommission Eletrotechnik Elektronik Informationstechnik (DKE) bei DIN und VDE:* Sie haben das Manuskript aufmerksam gelesen und uns aus Ihrem reichen Erfahrungsschatz mit Anregungen versorgt.
- *Sascha Tesch, Marketing-Experte für Elektroprodukte in der Gebäudetechnik, Raffa Hendricks, Experte für Lichtgestaltung und LED-Technologie, sowie Jan Göger, Produktmanager bei ESYLUX:* Sie haben uns wertvolle Impulse gegeben und geduldig unsere Fragen beantwortet.
- *Tobias Koenig, Gundolf Roth und Jan Peters, Data Design System GmbH, Thomas Rüegg, Relux Informatik AG, sowie Andreas Meißner VDI, Ingenieurbüro für angewandte Lichttechnik:* Sie haben es uns ermöglicht, in diesem Buch Einblicke in die Welt der softwareunterstützten Planung zu geben.
- *Kriminalhauptkommissar Walter Steinbrech, Kreispolizeibehörde Oberbergischer Kreis, Kommissariat Vorbeugung:* Sie haben uns Hinweise auf die Abschreckungswirkung von Licht auf Einbrecher gegeben.